U0077038

人人都能學會投資電動車全圖解

《Smart 智富》真・投資研究室 ◎著

CONTENT

Chapter 3 從完整供應鏈 挑海內外標的

Chapter 4 選對金融商品 投資事半功倍

掌握上兆美元的投資機會

若從人類過去千百年的文明歷史中觀察，無論從哪個階段，大多能歸納出一個結論：一個時代的開始，往往會是另一個時代的終結。這句話，對於全球汽車產業的現況來說，恐怕是再適合不過的形容。探究其最大原因，無非就是現正快速崛起的「電動車」。

2022 年，堪稱是全球電動車全面啟動的元年，最主要的原因，不外乎是世界各國政府的政策推動與積極倡議，正把這波電動車浪潮逐步推向尖峰。不過，背後更具時代性的意義，是人類正進行著近百年來最大的移動新革命。這場產業革命，同時也將我們所有人帶往一個過去不曾有過的嶄新世界。

回顧過去人類的文明大歷史，從 18 世紀左右的第 1 輛「汽車」問世開始起算，汽車產業僅占了短短約 200 多年左右的時間，但卻扮演著至關重要的角色。人類從最早的人力、獸力車輛，再到蒸汽機（外燃機）的發明而開啟工業革命，為人類的現代文明寫下了新的篇章。而繼蒸汽機之後不久，電動機與內燃機也相繼問世，造就了相關產業的蓬勃發展。過去人們也曾有過一段蒸汽車、電動車、燃油車同時存在的「三分天下」局面，當時也是個汽車產業的戰國時代。

只不過，距今近百年來，全球在原油的發現與大規模開採，且內燃引擎發展與造車技術的進步之下，傳統燃油車已稱霸了足足一個世紀之久。但人類在面臨環境日趨惡化、石油能源愈趨稀少的情況下，開始設法找尋各種「新的可能」，在這樣的情況下，電動車毫無疑問地成為了新解方。不過值得一提的是，當今的電動車，和數百年前出現過的電動車可說是大相逕庭，最大的差異之一就在於「智能化」。

時空回歸現代，全球電動車龍頭與先行者——特斯拉（Tesla），挾以智能與自動駕駛等先進技術，成功帶起了全球的電動車浪潮，同時也敲響了傳統燃油車的喪鐘——傳統燃油車正在式微，且逐漸被新時代給淘汰。

此外，電動車產業正以驚人的速度，飛快地持續成長。不少大型研調機構都不約而同地指出，未來 10 年將是電動車產業的黃金關鍵期，將呈現「躍進式」的大成長，且產值遠遠超過消費性電子的個人電腦、手機，甚至是含金量極高的晶圓代工產業數倍之多，電動車上兆美元的產值商機正在醞釀中。

對不少人來說，電動車恐怕會給人一種「隔行如隔山」、艱深難懂的印象，畢竟電動車本身是有著高技術含量與高知識性的產業，有一定的門檻在。不過，身為讀者的你倒是不用太擔心這一點，因為本書將從歷史面、產業面、投資面為大家深入淺出地介紹，以淺顯易懂的文字，帶你了解電動車的發展史、掌握上中下游的供應鏈情況，更重要的是，讓你了解如何掌握這波上兆美元的投資機會，提早布局電動車大未來。

如果有個產業，能大幅改變並決定你我未來的生活樣貌，毫無疑問地，在那些眾多的產業中，肯定能找到電動車的身影。無論你承認與否，電動車大時代已來到，你會在場邊觀賽，還是會選擇跟上這波電動車的時代浪潮呢？

這場由電動車所帶來的嶄新未來，非常值得期待。

《Smart智富》真・投資研究室

Chapter 1

洞悉產業前景
釐清投資理由

1-1 3面向皆具優勢 電動車大時代來臨

如果提到「成長股」，你腦中第一時間出現的會是誰呢？有家企業，從上市第 1 天到現在，它的股價漲幅竟來到 5 位數！你沒看錯，真的是 5 位數！而這家公司，就是當今全球電動車龍頭——特斯拉（Tesla）。

距今 10 多年前，特斯拉這家新創企業，在 2010 年 6 月 29 日時收盤價為 1.59 美元，截至 2022 年 11 月 16 日收盤時，股價已來到 186.92 美元，前後的股價漲幅高達 1 萬 1,636.05%！雖然期間漲幅如此驚人，但這還不是特斯拉股價最高的時候！若是同樣以收盤股價為基準，在 2021 年 11 月 4 日，特斯拉收盤價來到 409.96 美元，漲幅高達 2 萬 5,639.94%，這已經不是「驚豔」2 字足以形容（詳見圖 1）！

也因為特斯拉上市至今，繳出如此誇張的股價漲幅，因此也有不

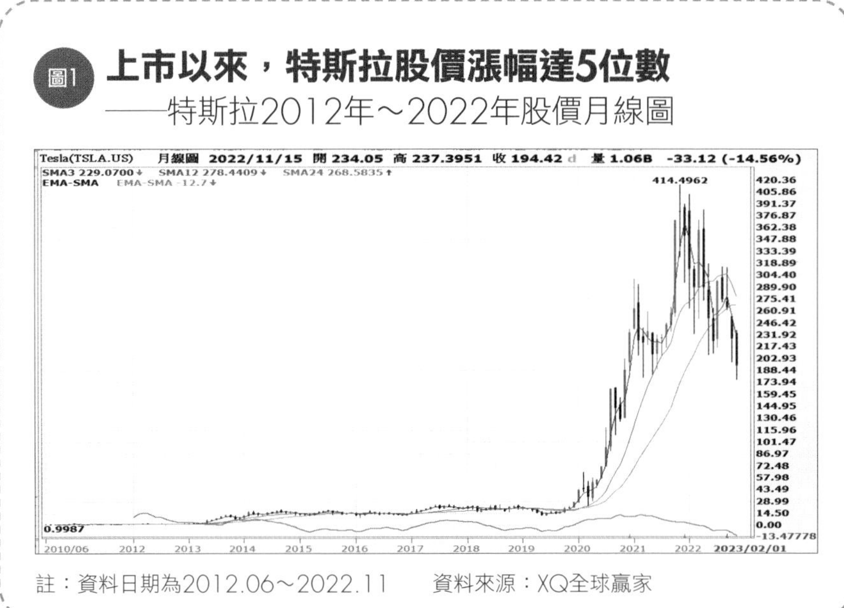

圖1 **上市以來，特斯拉股價漲幅達5位數**
——特斯拉2012年～2022年股價月線圖

註：資料日期為2012.06～2022.11　　資料來源：XQ全球贏家

少人用「妖股」來稱呼它！上市至今短短 12 年左右的時間，其股價之所以能有這樣巨大的漲幅，最大原因之一，不外乎就是電動車已成為當今的時代新潮流。換句話說，不論你承認與否，電動車確實轉動了時代革新的巨輪，成為全球關注、竭力發展的核心產業。

電動車未來10年內年複合成長率近3成

綜觀來說，電動車無疑是世界各國產業發展的重中之重，且正掀起一波全球化的產業變革。世界各大主要金融市場自 2008 年金融海嘯後至今，中間雖歷經新冠疫情（COVID-19）所帶來的短暫空頭，但整體而言，多數市場仍走往欣欣向榮的牛市格局。不過對 2022 年來說，全球市場遭逢熊市侵襲，在地緣政治、COVID-19 疫情肆虐、通膨高燒等利空因素下，不只股債齊跌，不少產業仍面臨獲利大幅萎縮的情況。

相反的，對電動車產業而言，猶如處在兩個平行世界，2022 年更可說是「全球電動車元年」，因為不論是從上游原物料、生產製造，或是到末端的銷售服務及消費等……，全都有愈趨熱絡的現象，電動車，更是少數能在熊市下欣欣向榮的產業之一。

過去 20 年～ 30 年，不少國際燃油車大廠就都有投入新能源車的發展行列，期間也推出了不少相關車款，包括純電動車（BEV）、混合動力車（HEV）和燃料電池車（FCEV）這幾個類型。

然而大致來說，多數燃油車廠過去雖有嘗試發展新能源車系，卻鮮少有人真正相信電動車會成為未來的移動新趨勢。再加上投入的成本、市場收益等考量，電動車往往被認為是種「賠錢貨」，以至於「棄油轉電」的轉型之路走得並不順利，甚至可用「窒礙難行」4 個字來形容。不過，隨著電動車技術的突飛猛進、世界各國政府倡議之下，近年來無論新創車廠還是燃油車廠，無不積極加入電動車的發展之列。

更值得注意的是，在接下來的 10 年裡，全球電動車將邁入超高速成長的階段，預估未來將達到近 3 成（28.7%）的年複合成長率（GAGR）。

2040年電動車與燃油車銷量可望出現黃金交叉

根據研調機構 DIGITIMES Research 的預估，全球在 2025 年時的電動車銷量將達 2,850 萬輛，並可望在 2040 年左右，電動車與燃油車在總銷量上出現黃金交叉的情況。換句話說，未來短短 20 年內，電動車的整體銷售數量將正式超越傳統燃油車，成為全球汽車產業的新霸主。

若以另一項機構數據做觀察，結果也是不約而同指出「電動車大時代將至」。依彭博（Bloomberg）數據，2020 年全球電動車滲透率約為 4% ～ 5%，相當於每 100 輛銷售的新車中，只有 4 輛是屬於電動車。然而推估到了西元 2030 年，也就是距今短短 10 年不到的時間內，全球電動車滲透率可望成長到 30% 之多，相當全球每賣出的 100 輛汽車當中，就有至少 30 輛車為電動車；到了

從產業面來看，電動車產值將超過晶圓代工
——電動車產業的3面向優勢

民生面
電動車滲透率愈來愈高，想買燃油車將愈趨困難

經濟面
養電動車更經濟實惠，省時省錢

產業面
電動車產值將超越消費電子、晶圓代工產業

2040 年，滲透率更有望突破 60%，年產值將近 2 兆美元，遠把電腦、手機，甚至是晶圓代工的產值狠狠甩過好幾條街。

雖然各家機構針對電動車產業的統計或預估值有所差異，但毫無疑問地，這波電動車浪潮，已成為眼前無法抗拒的趨勢。

當然，若你沒有在投資的話，或許會認為：「我沒有在做投資，錯過像是特斯拉這樣的飆股，對我的日常好像也沒什麼影響？需要

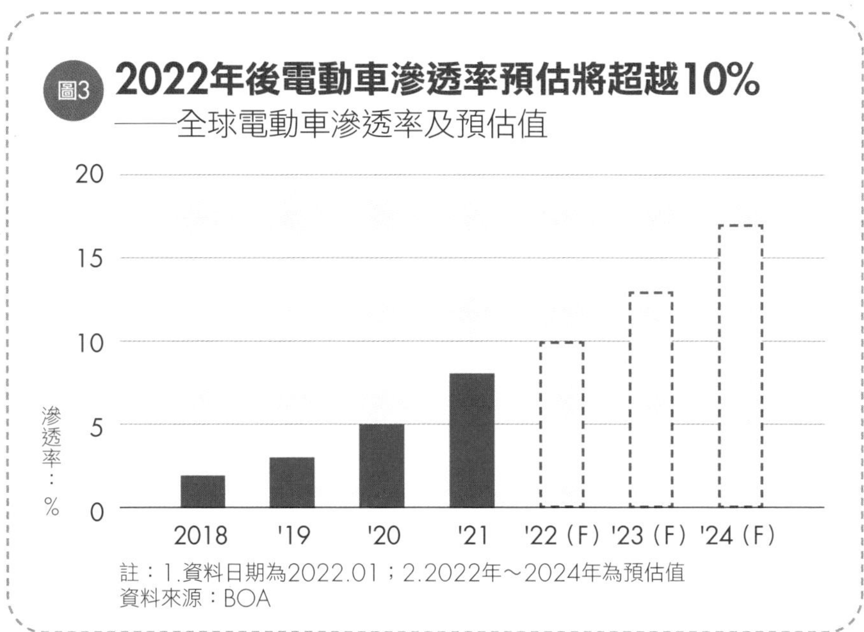

特別關注電動車嗎？」如果你也曾有過這類想法，那麼電動車可能會大大地顛覆了你的認知。因為無論是從最貼近你我生活的民生面，還是從經濟面或產業面，都無法脫離電動車的範疇（詳見圖 2）。為什麼呢？讓我們先來看看電動車「滲透率」這件事（詳見圖 3）。

民生面》滲透率破10%後，進入超高速成長期

根據 BOA 數據調查顯示，2022 年（含）後，全球電動車滲透

率在「10%」以上，將成為市場新常態；同時在 2024 年時，全球電動車滲透率更有望來到 17% 左右，逐年增加。若以國際能源總署（IEA，International Energy Agency）的數據統計來看更樂觀，2022 年全球的電動車滲透率就有望直接站上 13%，再創新高紀錄！

雖然每家機構所做的預估調查數值略有差異，但多離不開滲透率逐年飆高的趨勢。你可能會問，滲透率「10%」這數字重要嗎？當然重要，而且這個數字還很關鍵！為什麼呢？就讓我們來說給你聽！

若從過去的歷史洪流裡做觀察，當一個新興產業或一項新技術滲透率來到 10% 之後，將會進入到該產業的超高速成長期，隨即而來的，不只是產業成長大躍進，蓬勃發展下更會為企業帶來實質獲利的「硬成長」。換句話說，「10%」將是一個新興產業或技術的關鍵分水嶺，一旦突破 10% 這個數字，就表示該產業或技術已漸成為新型態的產業趨勢，不只如此，未來的前景更是指日可待！

當全球電動車滲透率愈來愈高的情況下，也代表著人們對電動車的接受度與需求愈來愈高，電動車的生產和銷售總量勢必也會跟著增加。若電動車成為人們買車的主流時，傳統的燃油車勢必會逐漸式微、被市場淘汰。對一般民眾來說，未來想買到 1 輛配有內燃引擎的燃油車，恐是會愈來愈困難，也就是說，電動車未來的巔峰之日，恐怕也將成為傳統燃油車的大限之日。

經濟面》電動車維護開銷成本較燃油車少28%

據《Fleet Assist》這家專門負責商用車輛維運及管理的企業所提出的報告，當中特別針對電動車和傳統燃油車兩者在維運的成本上做比較（包含無形的時間成本，以及實體的金錢花費）。它們從數據中發現，電動車平均維護時間比燃油車少了 3 成（約 33%），而在金錢開銷費用上（包括耗材、零件等）也是比燃油車來得少，整體成本少了 28% 左右。

從數據上來看，無論是從時間還是金錢，養電動車都比養傳統的燃油車來得更經濟實惠！而之所以電動車在後勤維修上享有較經濟實惠的優勢，最主要原因在於車體結構的差異。

一般來說，電動車沒有傳統燃油車複雜的動力結構及元件，因此不用像燃油車那樣頻繁地跑保養廠。而以零件數來說，電動車的相關零組件數少了 3 成左右；同時也因為電動車在整體結構相對單純的關係，因此在維修保養的難易度以及花費的時間上也大幅降低！

產業面》搶龐大商機，產值逾2兆美元

觀察當今全球市場，個人電腦（PC）和手機這 2 塊市場目前已達飽和狀態，人手 1 支手機、1 台電腦早已是不少人生活基本配備之一，因此很難像過往 3C 等消費電子產品尚未普及的年代那樣，再度出現爆炸性的成長。

根據彭博新能源財經（BNEF）分析，全球電動車銷量將在 2037 年時超越傳統燃油車，電動車產值全球上看 2 兆 1,000 億美元，遠遠超過電腦、智慧手機，甚至是晶圓代工產業所帶來的經濟產值。換句話說，電動車產業將帶來令人難以忽略的龐大商機，也因如此，對不少國家和企業來說，這是塊必須搶先布局的產業新戰場。

1-2 擁4大關鍵 發展受全球矚目

電動車的發展能受到全球矚目，背後的原因，來自 4 大關鍵：

關鍵 1》全球油價上揚，多落在 50 美元以上

第 1，便宜油價不再。雖然綠能的發展，曾經讓人以為油價會崩跌，然而事實上，油價卻是不跌反漲。以近 20 年來看，油價常態性在每桶 50 美元以上，我們先來看圖 1。

從圖 1 中可以發現，從 2003 年以後，油價就上揚到新的價格水準區間，大致在 40 美元～ 80 美元。只有在景氣低迷或金融風暴時期，因為短期供需扭曲，會使油價短暫下跌到 40 美元以下，但多數時間，都是處在 50 美元以上，甚至若碰到景氣過熱，或者地緣政治的衝突時期，還會一口氣帶動油價衝高到 100 美元以上的價位，譬如 2007 年至 2008 年，以及 2022 年的疫後復甦期。

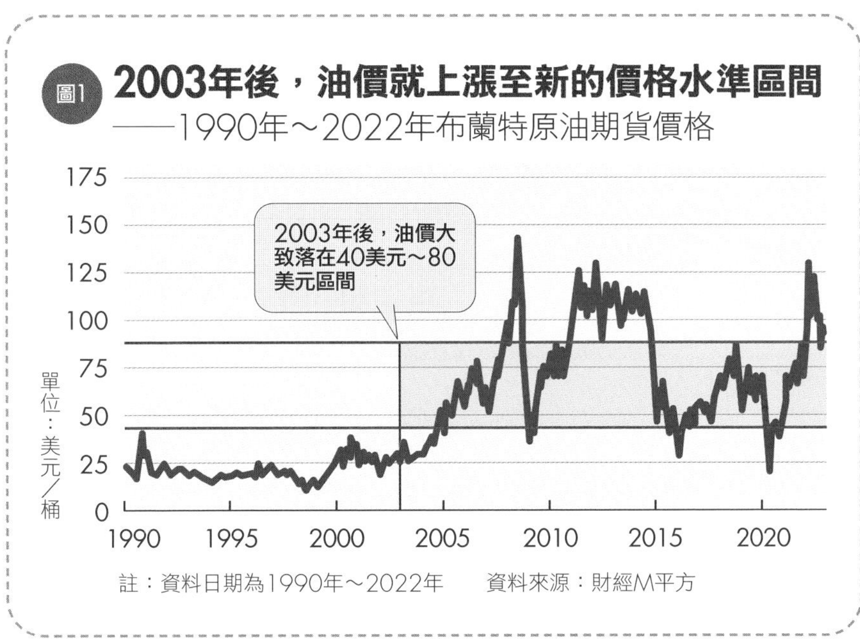

圖1 **2003年後，油價就上漲至新的價格水準區間**

——1990年～2022年布蘭特原油期貨價格

註：資料日期為1990年～2022年　　資料來源：財經M平方

更麻煩的是，近年全球地緣政治風險似乎在上升中，並且再次成為重要的資源武器。譬如原油在俄烏戰爭爆發後，已經重新成為地緣政治衝突的重要籌碼。這個狀況過去也發生過，在 1970 年代時期爆發的石油危機，當時因為西方國家支持以色列，導致阿拉伯產油國為主力的石油輸出國組織（OPEC）實施石油禁運，造成油價大漲。1990 年代以後，OPEC 影響力下滑，曾經使油價進入一段平穩階段，甚至在 1990 年代末期，還一度跌到 10 美元附近的價位。

不過 OPEC 在新的千禧年捲土重來，除了原有的 13 個成員國，又結合了 10 個非傳統產油國，組成 OPEC+；這當中，最具影響力的新會員國，就是俄羅斯。1970 年代時期，OPEC 占全球原油產出最高峰時期，來到 53%，但到了 2018 年時的 OPEC+，占全球原油產出已達 64%，如果單計算出口量，更達到 75%。也正因 OPEC+ 具有近乎壟斷全球原油出口的影響力，因此再次成為地緣政治衝突時的關鍵角色，其中又以沙烏地阿拉伯與俄羅斯的動向最為關鍵，因為全球前 5 大產油國，沙烏地阿拉伯排第 2、俄羅斯排第 3（詳見表 1）。

因此除非 OPEC+ 發生嚴重內鬨，否則該組織將會以控制產量的方式來維持油價處於相對高水準，這也是近年來鮮少見到油價每桶低於 50 美元的主因。

就以 2022 年 10 月，OPEC+ 決定每日減產 200 萬桶原油為例，此時正是全球通膨高漲，急需降油價來壓制通膨的關鍵時刻，但 OPEC+ 不顧美國的強力施壓，甚至不理會美國總統拜登（Joe Biden）親訪沙國的努力，硬是達成每日減產 200 萬桶的新冠疫情之後最大減產幅度。高油價的趨勢，不利於傳統燃油車，有利於電動車的發展。其實敏感一點的消費者，已經可從日常生活中感受到此一轉變，高用油量的營業用車，有愈來愈多業者寧願多花錢買電

沙烏地阿拉伯產油量排名僅次美國
——全球前5大產油國產量

排名	產油國	產油量（萬桶／日）
1	美國	1,887.5
2	沙烏地阿拉伯	1,083.5
3	俄羅斯	1,077.8
4	加拿大	555.8
5	中國	499.3

註：資料日期為 2021 年　　資料來源：EIA

動車，捨棄傳統燃油車，反映出高油價對選擇車款的影響。

關鍵 2》環保法規趨嚴，世界各國陸續禁售燃油車

第 2，環保要求。燃油車就是城市最嚴重的移動汙染源，由於愈來愈嚴格的環保法規，讓燃油車處境日益艱困，而電動車則享有淨零排放的優勢。過去因為汽車電池與充電樁技術的發展遲緩，導致車廠為了鞏固燃油車市場，必須花費龐大經費在降低排放的研發與零件上，並且燃油車的能源使用效率不佳，大約只有 15%，也就是在產生動力的過程中，大部分都虛耗掉了。而電動車的能源使用效

率卻可能在 70% 以上。

因此在淨零排放與能源效率的大趨勢下，全球官方也順應此一趨勢，開始力推禁售燃油車的法律。譬如美國加州，2022 年 8 月宣布，將從 2035 年起，全面禁售燃油車。加州是美國最大的汽車市場，具有領頭羊效應，在加州之後，全美已有 16 個州準備跟進。

禁售燃油車已成為全球趨勢，因為站在 ESG 的友善環境制高點上，各國政府視之為政府施政的重要業績。我們可以來看圖 2，全球主要國家全面禁售燃油車，動作最快的是挪威，預定在 2025 年。再來是 2030 年，英國、丹麥、瑞典、荷蘭、德國、新加坡等國會加入。到 2035 年，日本、韓國、中國、泰國、義大利等國會加入。台灣則預定在 2040 年加入禁售燃油車。

當然會有人質疑，以現在燃油車仍占主流的市場，禁售燃油車的時程，這真的辦得到嗎？個別國家或許進度會落後，但一些領先轉向的國家卻發展很快。以挪威來說，它在 2021 年的全年汽車銷售中，電動車已經占 65%，較 2020 年的 54%，1 年內大增 11 個百分點，顯見電動車成為當地市場主流，反而燃油車才是當地的非主流。而且，值得注意的是，挪威是石油出口國，卻在電動車推廣上，發展迅速，主要正是因為北歐國家向來對環保議題更為重視。

關鍵 3》2019 年～ 2021 年產量增逾 2 倍

第 3，電動車量產化。有留意電動車產業的人，應該了解，產業龍頭特斯拉（Tesla），過去幾年來所最困擾的問題，不是如何把車賣出去，而是如何把車生產出來。但由於愈多愈多國家已訂出明確的時程表，勢必促使各大車廠加速轉型以電動車為主要新車款，甚

至完全放棄燃油車。在此趨勢下，各大傳統車廠已在積極布建電動車產能，連電子大廠，如鴻海（2317）也加入製造行列，在重要的電子製造業龍頭加入這個產業後，一些有設計與行銷能力，但欠缺生產線的新興電動車公司，將會得到重大的助力，促使全球電動車產能與產值進入飛躍性的增長。

也正因為各大傳統車廠與新興車廠蜂擁加入，過去幾年電動車成長快速，目前在使用中的全球電動車數量，迄 2021 年的 3 年間，

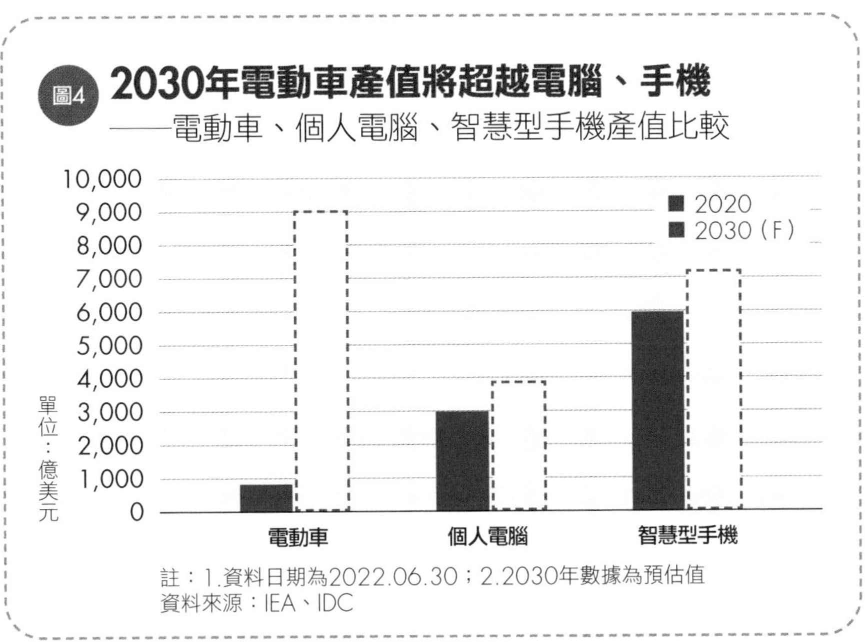

成長逾 2 倍，來到 1,650 萬輛。我們可以參考圖 3，從 2010 年到 2021 年，電動車數量呈現火箭加速度上揚的二次曲線趨勢。

根據國際能源總署（IEA）與調研機構 IDC 的總和預估，全球電動車的滲透率，預計到 2025 年可以來到 18%，在 2030 年時，將來到 35%。屆時，電動車年銷量有望突破 3,000 萬輛，產值約 9,000 億美元，產值可望超越智慧型手機，成為全球最重要的產業之一（詳見圖 4）。

盤點目前全球重要的新興電動車廠商，包括特斯拉、路西德汽車（Lucid Group，美國）、Rivian Automotive（美國）、蔚來汽車（NIO，中國）、理想汽車（Li Auto，中國）、小鵬汽車（XPeng，中國）、菲斯克汽車（Fisker，美國）、尼古拉公司（Nikola，美國）、Proterra（美國）、Lion Electric（加拿大）、Hyzon Motors（美國）、卡努汽車（Canoo，美國）、Hyliion Holdings（美國）。另外，各大傳統車廠，包括福斯（Volkswagen）、BMW、賓士（Mercedes-Benz）、豐田（Toyota）等等，也都在加速推進其電動車產品，整個市場可謂風起雲湧、熱鬧滾滾。

以鴻海來說，它推出 MIH 開放平台，與電動車廠合作，該業務將是鴻海集團的下一個兆元產業。董事長劉揚偉就表示，鴻海採取 CDMS（委託設計製造服務）商業模式，只造車與系統，不做品牌，不與客戶競爭，目標在 2025 年達到全球 5% 電動車市占率，並設定來自電動車的營收達到 1 兆元。

關鍵 4》布建快速，2030 年全球充電樁破億座

第 4，全球政府推動布建基礎設施。電動車的基礎設施，最基本的就是充電樁與充電站，長期而言則是整個城市的智慧運輸系統。要達成 2030 年電動車產值超越智慧型手機，充電樁的建置與普及

為最重要的關鍵。根據國際能源總署預估，到 2030 年，全球充電樁將可達 1 億 5,020 萬座。其中，美國政府預計在 2030 年前投資 75 億美元設置 500 萬座充電樁，歐盟預計 2030 年建置 350 萬座公共充電站。

要達到上述目標，還有龐大的工作待執行，以全球來看，在 2021 年可供公共使用的充電樁，約有超過 180 萬座，其中 1/3 是快充（直流電），進度仍落後甚多。

我們可以來看圖 5。從 2015 年至 2021 年，公共使用的充電樁數量快速成長，其中又以快充成長最快，到 2021 年已逼近 60 萬座，其中以占比來看，中國的占比最高，占了將近 85%。歐洲與美國其次，但數量與中國差距甚大，還有極大的成長空間。

在傳統慢充充電樁（交流電）的部分，迄 2021 年已設立超過 120 萬座，中國占比仍為最高，但居次的歐洲，跟中國的數量差距較近。這也顯示，歐洲的充電樁仍以傳統慢充為主（詳見圖 6），但在大量電動車時代來臨時，為因應電車與公共充電樁的比值達到合理數值，未來建設勢必要以快充為主。因為長期來看，快充，特別是供公共使用，隨著電動車快速增加，公共充電樁一定要具備快充能力，否則充電站將會大排長龍。傳統充電樁未來將以家庭或停

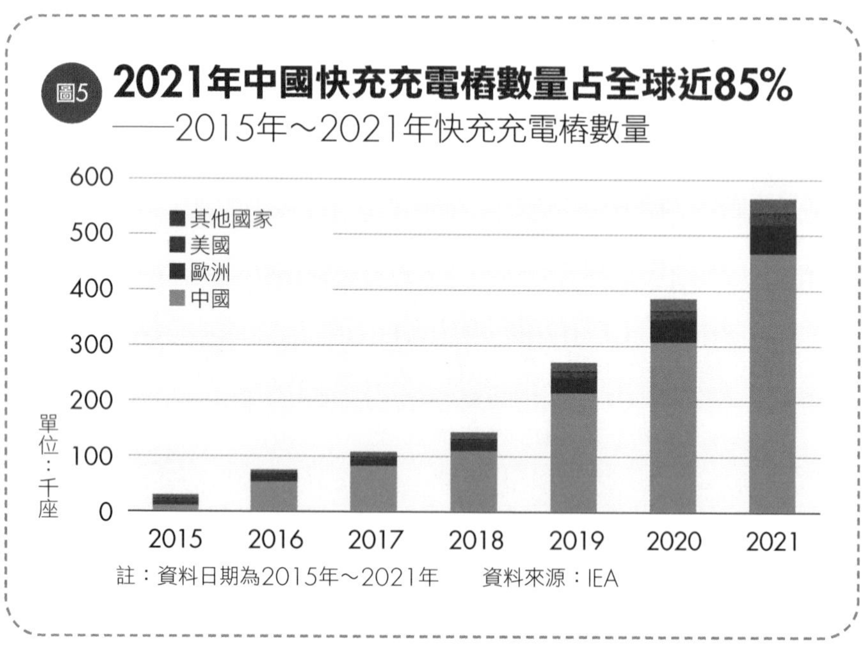

車場使用為主，因為返家停車後，可以有充足的時間為愛車充電。

隨著快充技術的進步，現在的快充，可以在30分鐘內，將車子的電量從0%充到80%。而傳統慢充，則需要6至8小時才能充滿電。也就是說，你將電動車開到快充站，去喝杯咖啡休息一下，電就已經充好，可以再出發。聽起來好像很美好，有很大的進步，畢竟在家充電可要花上6至8小時才能充滿電。可是，再從現實面來考量，傳統加油站，為1輛車加滿油需要多少時間？如果從油槍插

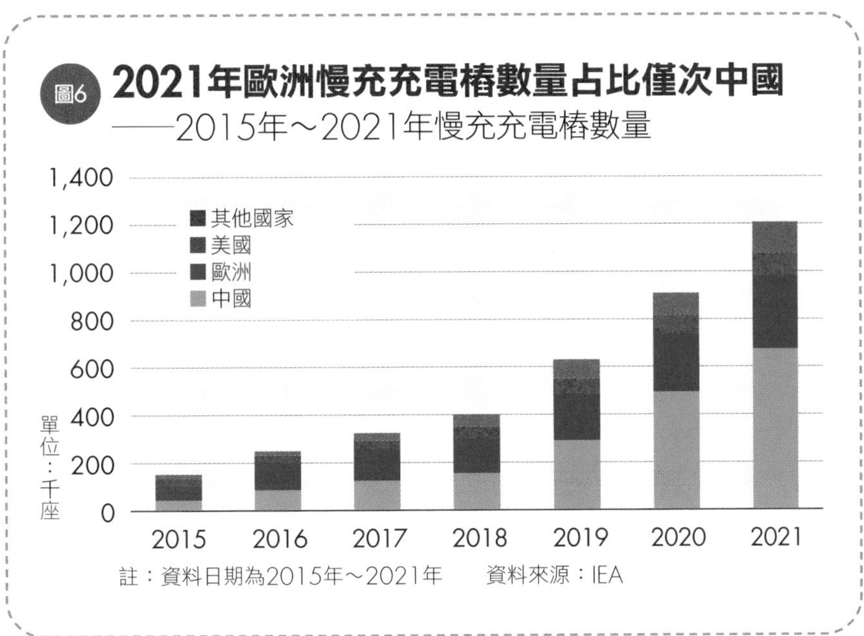

入汽車油箱口起算，大概不用 1 分鐘就能加滿油，即便如此快速，在尖峰時間，加油站仍會出現排隊車潮。因此，如果不是充電速度能夠更快，就是充電的思維必須出現革命性的改變，這也將影響未來智慧城市的規畫，我們應該繼續追蹤它的發展，不容輕忽。

Chapter 2

建立基礎知識
新手入門必懂

2-1 從全球汽車百年演化史一窺電動車發展進程

近 10 多年以來，一場新世代的交通革命，正以驚人的速度在世界各地如火如荼地展開。沒錯，這場交通新革命的主角，正是當今你我耳熟能詳的——「電動車」。

前面章節我們曾提到，為什麼電動車成為新時代潮流，以及為什麼我們需要特別去關注電動車產業等重點。不過談到電動車，相信絕大多數人腦中立馬出現的畫面，肯定是當今全球的電動車龍頭特斯拉（Tesla），也因為特斯拉這家公司做的不只是單純的「電動車」而已，軟體科技更是這家公司的重點，因此，更帶起了全球汽車產業「自動駕駛」的風氣，進而讓智能電動車成為 21 世紀的發展新潮流。無法否認的是，特斯拉在電動車產業裡確實扮演著舉足輕重的關鍵角色。

同時值得關心的是，雖然這些年來電動車有愈來愈普及的趨勢，相關產業也逐漸成為市場焦點與投資人眼裡的當紅炸子雞。但你知道嗎？無論是最早的蒸汽車、電動車、燃油車、其他新能源車，全球汽車產業發展至今，竟僅約有 200 年左右的歷史而已。而在這汽車發展的歷史洪流中，其實電動車並非是一個「新產物」或是「新發明」，現在就讓我們鑑往知來，一同來了解全球汽車的演化史，以及電動車在當中的地位更迭與發展進程。

18 世紀末》首輛蒸汽車問世，工業走向文明

關於史上第 1 輛汽車的發明說法眾說紛紜、目前已無法可考，但普遍認為世界上的第 1 輛非以人力、獸力為動力，機具本身就有動力，且不需要任何軌道等就能自行運作的車輛是「蒸汽車」。至於蒸汽車的運作原理，是將蒸汽機結合機械結構，並透過蒸汽機的動力來驅使車輛前進，蒸汽機則有如蒸汽車心臟般的重要存在。

蒸汽機運作的主要方式，是透過在機械外部燃燒燃料（水）來產生大量蒸氣──因此又稱作「外燃機」，並將水蒸氣中的能量轉為機械能，且透過活塞等裝置來讓機械進行反覆性動作產生動能，例如旋轉、直線或來回運動等⋯⋯。同時，蒸汽機也是第 1 次工業革命的核心要角，蒸汽機問世後，開始出現以機器取代人力、畜力的現象，並以大規模的工廠機械生產來取代手工製造等，遂成為時代

下的趨勢，工業也開始走入人類的文明（詳見表 1）。

回過頭來觀察汽車歷史，第 1 輛汽車（也就是蒸汽車），多數人認為是由法國的陸軍工程師尼古拉．居紐（Nicolas Cugnot）所打造，時間約落在 1769 年～ 1801 年左右。

19 世紀初期》電動車問世後，歷經 4 發展時期

回顧過去的電動車大歷史，可以說是幾經波折，怎麼說呢？因為電動車和燃油車在人類歷史上都占有重要的一席之地，但電動車問世的時間卻是比燃油車來得更早，甚至還曾歷經過高市占、普及化的輝煌時代，照理說電動車應該會是當今的主流才對，但為什麼約莫自 20 世紀以來、近百年的時間裡，卻都是燃油車的天下？是什麼原因讓電動車產業由盛轉衰，發展停滯不前，最後被燃油車所超越？

而在 21 世紀的今天，又是什麼原因讓電動車能夠再度崛起？現在，就讓我們從歷史的洪流裡一一梳理，剖析背後的脈絡與重點。

探索期》結構簡單，電能即為動力

大約在西元 1830 年代（1830 年～ 1839 年）左右，當時已有

18世紀末出現首輛具動力源的車輛——蒸汽車小檔案

項目	說明
問世時間	西元 1796 年～ 1801 年左右
動力源	外燃機（蒸汽機）
燃料	煤炭
簡介	史上首度出現以非人力、獸力，本身擁有動力源且能移動的車輛

不少科學家發明出電動車這項交通機具，也都在這段期間發明、設計出相關的交通機具。不過值得一提的是，那時候的電動車並非像現在的電動車一樣，擁有時尚的流線設計、亮麗車殼外型，或是配有各種 AI 智能或感應設備等……。

與今日電動車相比，當時的電動車顯得陽春、簡單很多，甚至可直接從中文名稱「電動車」這 3 個字，做字面上的直白理解——由電驅動馬達所行駛的車輛。若是做更簡單的理解，其實就是把馬達裝在一個擁有輪子的車上，可能是兩輪、三輪、四輪甚至更多，並靠著電力驅動，廣義地說，擁有這些條件，在當時其實就稱得上是一輛簡單的「電動車」（詳見表 2）。

當時這類的電動車主要結構非常簡單，所需的動力能源即為電能，並透過電力來讓馬達運作，馬達則將電能轉換為機械能，以驅動機械做旋轉運動、振動或直線運動來產生動能。簡單來說，這是一個將電能轉為機械能，再將機械能轉為動能的過程，這種方式和前述的蒸汽車很像，都是將特定能量（蒸汽機熱能、電動機電能）轉化成最終的動能，也就是車輛行駛背後的動力來源。只不過電動車的核心——馬達，它體積比蒸汽機來得更小，運作效率上通常也來得更高，行駛過程中汙染性也較低，因此電動車遂成為當時炙手可熱的一項新興、熱門產業和技術，極具未來發展性。

不過，關於第 1 輛電動車究竟是何時問世、出自於誰之手，目前也已無法考證。在 1830 年代這段期間，法國的古斯塔夫．特魯夫（Gustave Trouvé）曾製造出電動的三輪車，蘇格蘭的羅伯特．安德森（Robert Anderson），也在這段期間內發明了電池電力驅動馬車；另位同樣也是蘇格蘭人的羅伯特．大衛森（Robert Davidson），則發明了以電力驅動的火車等⋯⋯。

究竟是誰先發明了第 1 輛電動車，除了在時間先後順序上已無法考證外，加上當時對「電動車」也沒有明確的定義、標準與規範，例如是二輪、三輪，還是得像當今汽車一樣是四輪、可載人，才能稱作為「車」？但無論是哪種電動車，顯而易見地，都比第 1 輛內

表2 1830年代出現純電能為主的交通機具——早期電動車小檔案

項目	說明
問世時間	西元 1830 年代
動力源	電動機（馬達）
燃料	電力
簡介	史上首度出現以純電能為主移動交通機具

燃機的燃油車問世時間——1885 年來得更早！關於第 1 輛燃油車誕生的歷史，將在後續內容中為大家繼續做介紹。

發展期》技術升級，電動車走向普及化

緊接而來的，是電動車迎來重要的第 2 階段，也就是發展期。奠基於諸多技術日趨進步的條件與情況下（如蓄電池技術的發展），電動車的應用愈趨廣泛，且逐漸走向商業化以及量產階段。

與探索期相比，這時期電動車的技術獲得重大突破，關鍵原因就在於「電池儲能技術」。在 1859 年左右，由法國人加斯頓・普蘭特（Gaston Planté）取得重大的技術突破、拔得頭籌，首度發明可

以重複充放電的鉛酸蓄電池，讓電動車成功擺脫了「只要跑 1 次就得更換電池」的困境，將電動車的發展進程往前推進一大步。

時隔不久，約在 1884 年，英國倫敦地鐵電氣化背後的推手湯馬斯・帕克（Thomas Parker），將電池重新設計再改造，容量更大，意即充飽電的情況下，能讓車輛跑得更遠、里程數更高。隨後他也在倫敦開始製造「可量化生產」的電動車，在量化生產的商業模式下，也意味著電動車價格將會更親民、低廉，同時也讓電動車走向愈普及化的階段。此時汽車市場，多半認為是以蒸汽車、電動車以及燃油車三分天下的局面。

停滯期》石油大量開採，燃油車大規模生產

隨著全球石油的發現、大規模地開採，以及內燃機技術的大幅提升，電動車在發展上逐漸失去優勢地位，最主要原因不外乎就是，電池儲能技術未能出現大幅度技術突破。再加上當時全世界正如火如荼地進行石油產業的工業化開發，汽油取得變得更容易，燃油車也在大規模生產下，價格變得比以前更親民，內燃機的效率也更高。換句話說，民眾在同樣有限的資金下，燃油車除了不用像電動車一樣不斷反覆充電外，行駛距離還能比當時的電動車要跑得更遠，車價也便宜，諸多因素比較下，燃油車的性價比開始高於電動車，成為 20 世紀至今，最主流的交通工具驅動能源。

復甦期》環保意識抬頭，智能化電動車崛起

隨著上個世紀以來人類大量開採石油、發展石化等相關工業，造成各種汙染、地球環境劇變，再加上石油資源的日益減少，人類開始檢視評估燃油車的未來，同時也更開始重新關注起電動車，傳統的燃油車造車大廠，不得不開始思索，如何轉型走向電動車這條路。

談到電動車的復甦時期，雖然各家車廠已有推出不少新能源車款，如油電混合電動車等……，但真正帶起這波電動車的復甦潮，並被稱為是百年一度的交通革命，背後的重要推手之一，就是全球電動車龍頭——特斯拉這家公司。

特斯拉出現後，推出了一系列的純電動車車款，大幅提升了電動車的性能，如電池續航、充電效能、動力輸出等……，再加上導入不少先進電子設備、AI 智能、自動駕駛系統等，讓電動車再度於全球市場裡嶄露頭角、成為關注焦點。只要一提到電動車，人們立馬聯想到的代表企業，肯定就是「特斯拉」，這家公司幾乎可以說是先進智能電動車的代名詞。不過，現在的特斯拉其實並不是只有電動車這項業務而已，早在 2017 年時，公司名稱從「特斯拉汽車」（Tesla Motors）正式更名為特斯拉科技（Tesla Inc），業務從原先的電動車產業，擴增至新能源（如太陽能）、儲能設備、智能 AI 等產業，不再局限於單純的電動車製造生產（詳見圖 1）。

這波電動車浪潮，與百年前電動車興盛時期最大的不同之一，就是「智能化」，也就是我們常聽見的「智能電動車」或是「未來車」。這會是個什麼樣的概念呢？未來的智能電動車，或許你能想像是一支「巨大的智能手機」或「大型的智能電腦」，只不過它能夠帶著你到處移動，且透過車聯網、AI 智能等，甚至無須駕駛人的存在，人們只需要「上車」就好，車況、路線等什麼都不用擔心，就能把你送到目的地！雖然目前尚未走到這一步，但這種情況卻是非常有可能實現，且值得期待的未來。

19 世紀末》石油開採後，燃油車成全球主流

第 1 輛燃油車誕生時間，約落在 1885 年，出自於德國人卡爾·賓士（Karl Benz）之手，目前存放於德國的博物館之中（詳見表 3）。或許你可能覺得這位發明者名字很眼熟，沒錯，他正是當今全球著名的汽車品牌——賓士汽車（Mercedes-Benz）的主要創始人！

當時他發明的燃油車，是採單汽缸式的「內燃機」。內燃機是什麼？另一個名稱就叫做「燃油引擎」。白話解釋，就是在內部燃燒燃料，將燃料的能量轉為動能，帶動汽缸內的活塞產生往復式的來往運動。而這種燃燒原料、能量轉換的方式剛好和外燃機（如前述的蒸汽機就屬於外燃機）剛好相反，也因此有內燃機的稱呼。當今

2017年起特斯拉業務擴大，不再限於造車
——特斯拉重要大事紀

2003年
特斯拉汽車（Tesla Motors）成立

2008年
特斯拉推出成立來第一輛純電跑車Roadster

2009年
發表Model S（高性能車款）

2012年
發表Model X（5~7人座運動多用途車款）

2016年
發表Model 3（入門型）

2017年
1.正式更名為特斯拉科技（Tesla Inc），業務擴及綠能、儲能等領域，不局限於造車
2.發表Semi Truck（電動卡車）

2019年
發表Cybertruck（電動皮卡）

註：發表日期非投產日期

內燃機的應用非常廣泛，無論是汽車、飛機、船舶、火箭等，都能看見內燃機的蹤影。

不過初期的燃油車和電動車的情況差不多，因為多為手工打造，無法規模化量產，價格自然高昂、難以普及。不過很快地，在造車技術的神速進步，及大規模的石油發現與開採的情況下，燃油車一躍而上成了全球的主流。當中最為關鍵的事件及人物，不外乎是美國福特汽車的創辦人——亨利．福特（Henry Ford），他在 1990 年代初期，透過設計車輛的生產線，將汽車製造模組化、規模化、產線化，大幅度地降低生產成本，並掀起了機械化、自動化生產的浪潮，其中以 1908 年福特汽車大規模生產的「Model T」最具代表性；而福特汽車的競爭對手——通用汽車（GM，General Motors）也差不多是在這期間誕生，一同搶占燃油車市場大商機（詳見圖 2）。

克服 3 屏障，電動車始能繼續發展

前文曾提到，電動車早在西元 1830 年代就率先問世，更曾走過輝煌、興盛的階段，但卻在 20 世紀初反被較晚問世的燃油車給超越、取代主流地位，而最主要的原因就在於，電動車產業面臨的 3 大屏障（詳見圖 3）。

表3 1885年首輛以內燃機為驅動力的機具出現——燃油車小檔案

項目	說明
問世時間	約西元 1885 年
動力源	內燃機
燃料	石油
簡介	史上首輛以內燃機為驅動力的機具

屏障 1》電池續航力

「電池」是一輛電動車的核心，也就是心臟，因為沒有了電池就沒有驅動力，即便馬力再強、性能再好再舒適，配有多強大的智能設備等，都無用武之地，畢竟電動車若是「沒有電」，就什麼也做不了。

「續航力」是電動車能否成為市場主流的最大關鍵之一。若每單位電池的體積能愈做愈小，但續航力卻能夠提高的話，就能為車內提供更多的空間，車輛行駛距離也會愈遠，也無須一直到處充電，便能省下更多時間來做更好的運用。其實過去電動車一直無法有重大的突破、被燃油車取而代之，關鍵之一就是電池續航力不夠。

屏障 2》充電耗時，效能仍待突破

第 2 點，就是充電效能。電動車不像燃油車，一旦燃料用完，只需要找座加油站加個油，花個幾分鐘就可以解決燃料不足的問題，電動車車主必須「花時間」等待電池充到一定的程度之後才能夠行駛。

除了能源補充的時間長短因素外，充電效能也很重要，同樣一單位（如 1 分鐘）的充電時間，為電池補充的電力自然是愈多愈好。試想，假設今天只需要幾分鐘的時間，就能為車子進行充電，且在極短時間內卻能提供車子續航超過 100 公里的里程，是不是很讓人心動？因此，充電效能的發展，對電動車而言也是至關重要的技術。

屏障 3》傳統燃油車廠百年歷史，轉型恐衝擊生態供應鏈

從前述的汽車歷史簡介中，我們可以簡單得知，電動車和燃油車在結構上的差異，以及各時代下的發展過程。距今 100 年來，可說是燃油車的天下，傳統的燃油車製造大廠也已建立起一套歷史悠久、精細分工的生態鏈。對於轉型走電動車這條路，往往充斥著抗拒、排斥的心態，因為若轉型為電動車，對其獲利肯定造成相當程度的衝擊。

從傳統燃油車的商業模式中可見，售後的維修保養是重要的獲利

1920年～2010年為燃油車興盛期
——全球汽車發展簡史

3大類汽車萌芽期（約1790年～1860年）
- 1796年～1801年 蒸汽車問世
- 1830年～1839年 電動車問世
- 1855年 燃油車問世

電動車全盛期（約1860年～1920年）
- 1899年 電動車率先創下時速100KM紀錄
- 1908年 福特、通用汽車量產掀自動化浪潮，燃油車興起

燃油車興盛期（約1920年～2010年）
- 1990年～1999年 大量油電混合車款問世
- 2003年至今 全球電動車龍頭特斯拉誕生，開啟智能電動車浪潮

新電動車時代（約2010年～至今）

電動車仰賴充電效能與電池續航力
——電動車發展的3大屏障

電池續航力

若電池續航力不足，最直接問題是無法進行中長途行駛，不只可能無法到達目的地，車輛也可能在路途中拋錨

充電效能

充電效能愈高，電池完成充電所需的時間也愈短，減少更多不必要的等待。反之，充電效能愈差，則需要愈多的時間才能完成充電

傳統車廠利益考量

電動車少了燃油車近3成的零組件，傳統車廠若全力轉型電動車，勢必會衝擊原先既有獲利模式（如售後維修）

來源之一，舉凡像是零件汰換、人工技術等成本都是，再加上電動車的整體零件數，少了燃油車將近 3 成左右，比率甚至可能會更高！換句話說，當燃油車廠改行做電動車時，生態供應鏈勢必會進行再平衡，還可能有不少人因此失業！傳統車廠像頭產業巨獸，檯面下牽動著無數的企業生計，這也是許多傳統車廠過去不願積極碰觸電動車產業的原因之一。不過回過頭來，目前電動車已是當今的時勢所趨，「轉型」也成了傳統燃油車廠無法逃避，必須面對的挑戰。

2-2 從車體結構、動力模式 搞懂電動車與燃油車差異

在本書前面幾個章節中，曾提到了全球汽車的歷史以及發展進程，包括最早的蒸汽車、電動車，以及問世時間較晚的燃油車，同時也了解到電動車的投資熱潮及未來價值。

不過，究竟什麼是「電動車」呢？電動車和傳統的燃油車差在哪？只有動力來源不同這麼簡單嗎？別擔心，在本章節，將帶大家從車體結構、動力模式等層面來了解「電動車」是一個什麼樣的東西，以及電動車有哪些種類、差異或優勢在哪裡，更多的細節，就讓我們一起看下去！

車體結構》電動車由三電系統組成核心

毫無疑問地，電動車（EV，Electric Vehicle）已成為當今最具發展潛力的產業之一，如同 AI、元宇宙等科技產業，是人類文明發展

馬達取代燃油車中的引擎，為電動車提供動能

——現代電動車與傳統燃油車比較

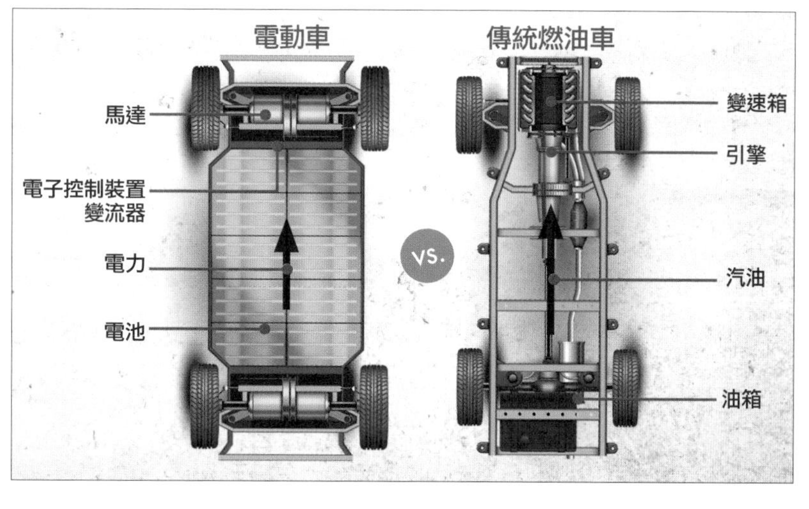

的未來焦點，不過因為電動車屬於汽車產業，也是交通運輸裡重要的一環，更貼近我們的日常生活，因此只要出現重大革新，人們往往就能立馬察覺科技帶來的新改變。

回歸正題，究竟什麼是電動車呢？廣義來說，透過電能作為驅動力，以馬達代替燃油車中的引擎汽缸，為車輛提供動能 —— 而這類型車子都可稱作為「電動車」（詳見圖 1）。

若單純從結構系統來看，燃油車和電動車最大的差異，除能源與驅動方式外，在結構上也有很大的不同。燃油車是透過汽油作為能量來源，並以引擎汽缸內的爆炸燃燒帶動活塞運作，產生驅動力。引擎內部的構造也相當複雜、囊括多種裝置元件，而汽車的內燃引擎又是如何運作的呢？大致上會歷經 4 個階段：進氣、壓縮、動力（點火）、排氣，現代汽車引擎多以這 4 階段為一個週期循環運作，這就是我們常聽見的「四行程引擎」。

簡單來說，內燃引擎在運作前，需要將空氣吸入，以在引擎室中點火燃燒，產生運作動能讓活塞運作，這樣燃油車的動力源就形成了！不過這過程中，燃燒汽油需要氧氣，當然也會產生二氧化碳和振動，需要排氣，所以除了內燃引擎外，還需要一系列的進氣與排氣系統等相關裝置。一般來說，引擎系統包含了進／排氣系統、發動機系統、變速系統等……，每個系統構造複雜，所需要的結構元件也非常多，零件結構當然也會有壽命期限，如損耗、積碳、變質等……，必須進行定期或不定期的檢視、維修或汰換，因此，這也是傳統燃油車需要時常進保養廠的原因之一。

但電動車就簡單許多了，結構圍繞在 3 大核心身上，分別是「電池系統」、「電機系統」與「電控系統」，也就是我們常聽到的「三電系統」。針對電動車產業，前行政院副院長杜紫軍認為，未來在電動車產業裡「得三電系統者將得天下」，且繼台灣半導體產業之後，電動車非常有機會成為台灣的下座護國神山！足以可見，三電系統對 1 輛電動車來說至關重要，那究竟什麼是三電系統？別擔心，先別被專業名詞嚇到，其實概念一點也不難！關於三電系統的詳細內容，這部分我們會在章節 3-2 中為大家做介紹。

動力模式》電動車可依驅動類型分 3 種

關於電動車，其實還有個更精準的稱呼，就是「新能源車」，指的是「動力來源使用非常規車用燃料（汽油），並具有新技術或新結構的汽車」，而若依據這個定義，目前市面上的眾多新能源車當中，又可分為「純電（動）力」、「混合動力」以及「燃料電池動力」這 3 大類型（詳見表 1）。

純電（動）力即為「純電動車」（BEV）。混合動力部分主要有「油電混合電動車」（HEV）、「插電式混合電動車」（PHEV）和「增程型電動車」（EREV）3 種；最後一種採燃料電池動力的，則為「燃料電池電動車」（FCEV）。

類型 1》純電（動）力

從字面上可了解，是單純只以「電池」電力作為驅動車輛的車款，

混合動力模式又可細分為3種電動車類型

——依動力模式區分電動車類型

動力模式	電動車類型
純電（動）力	純電動車（BEV）
混合動力	油電混合電動車（HEV）、插電式混合電動車（PHEV）、增程型電動車（EREV）
燃料電池動力	燃料電池電動車（FCEV）

故這類型的車輛稱為純電動車（BEV，Battery Electric Vehicle），同時又有 FEV（Full Electric Vehicle）的稱呼，雖然兩者名稱不同，但本質上指的是一樣的電動車類型。

可能有些人會覺得很困惑，為什麼純電動車的中文名稱，前面還要特別再加個「純」字，難道電還有不純的嗎？或是英文名稱不直接以「EV」（Electric Vehicle）做簡稱就好，前面幹嘛還要加個「B」？

從先前 2-1 汽車的歷史中，我們可以了解到，過去百餘年前的「電動車」，指的就是單純靠著電池的電力來驅動車輛，不過當時的電動車都是透過電池供給電能，並沒有其他複雜的模式，例如現在的

圖2 **純電動車單純以電動馬達作為車輛的動力輸出**
——純電動車能源驅動模式

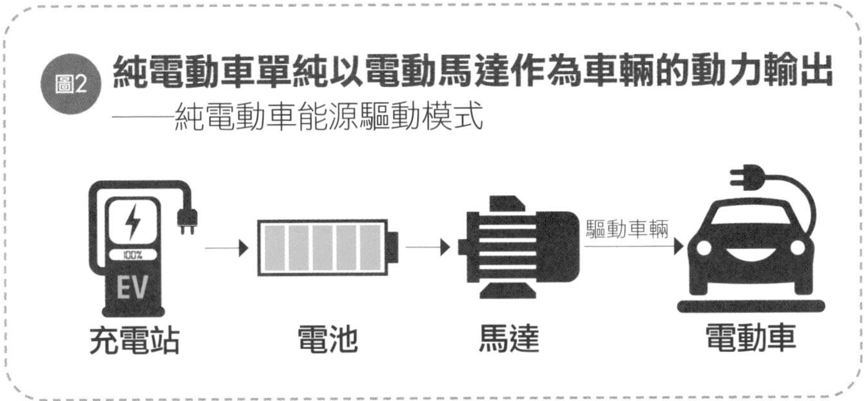

混合動力或是燃料電池動力等……。因此，在新能源的種類愈來愈多、提供車輛「電能」的方式也愈趨多元的情況下，為了在名稱分類上能夠做出區隔、辨識，才會衍生出「純」電動車（BEV）這個名稱。

而純電動車是電動車的 3 大類型中，唯一完全沒有燃油引擎的結構，由電池供給電力，單純以電動馬達作為車輛的動力輸出，並可從外部進行充電（詳見圖 2），最具代表性的純電動車就是目前的全球電動車龍頭大廠「特斯拉」（Tesla）。

類型 2》混合動力

誠如字面上的「混合」2 字，大概就可了解這類型電動車的特色，就是同時採用 2 種不同的驅動力模式，也就是說這類型的車款同時配有「電動馬達」和「內燃引擎」。不過，這類型的混合電動車，大多是作為燃油車到純電動車普及這期間的過渡性產品，大致上又可分為「油電混合電動車」、「插電式混合電動車」以及「增程型電動車」這 3 種。

1. 油電混合電動車：「HEV」是英文全名「Hybrid Electric Vehicle」的縮寫，而「Hybrid」詞彙則有「混合」之意，在這裡指的是採 2 種不同的動力來源，例如「油電混合」即是一種。

這類型的車輛，同時配有內燃引擎和馬達這 2 種動力機具，除了油箱外同時也搭載電池裝置，不過這種油電混合的 HEV 車輛，雖設置有電池模組，但並不能像純電動車一樣，直接從外部進行充電，主要的充電方式，是透過引擎運轉和煞車減速時，將動能轉成電能，藉以回充電池；換句話說，這類型的車輛在燃料補充上只能「加汽油」（詳見圖 3）。在起步、市區等中低速行駛時，動力系統會切換為電動馬達輔助，相較於傳統燃油車來說，油耗表現會相對更佳也較為環保。而依據動力混合程度，又可分為「輕度」、「中度」和「重度」這 3 種。

2. 插電式混合電動車：「PHEV」是英文全名「Plug-in Hybrid

Electric Vehicle」的縮寫，可以說是油電混合電動車的變形。這類車型除了同時擁有內燃引擎和電動馬達外，與 HEV 最大的不同之處，就在於它能夠直接從外部給車輛充電，當然也可以加傳統的汽油。

在燃料的補充上，因為 PHEV 同時具有燃油、充電雙模式，所以駕駛人在實際的操作上，具有較大的操作彈性，例如可以優先使用電池搭配馬達作為動力來源，直到電量不夠時，再改用燃油引擎的動力模式，可依照駕駛人個人喜好或情境做模式切換（詳見圖4）。

3. 增程型電動車：「EREV」是英文全名「Extended Range Electric Vehicle」的縮寫，這類電動車和PHEV構造很相似，都能夠從外部進行充電或補充燃油，不過較為特別的是，這種車輛的「馬達」才是車輛驅動的主力模式。雖然配置一個小內燃引擎，不過它的作用只是被設計用來替電池「充電」，並非是車輛行駛的動力來源（詳見圖5）。

類型3》燃料電池動力

電動車在進行充電時，會需要一段時間，才能將電池充到一定的容量，讓車子能夠行駛，不像傳統燃油車那樣只要花個幾分鐘，把油箱加滿就完事了！換句話說，以目前的技術而言，電動車駕駛人在為車子充電時，多會有一段無法跳過的「等待時間」得耗在那。而燃料電池電動車之所以會問世的原因之一，就是想縮短電動車充電時間的這個問題。這類型的車輛在燃料補充上很簡單，和傳統燃油車極為相似，只是把汽油換成氫氣（詳見圖6）。

這類型車款最常見的燃料之一就是「高壓氫氣」，以氫氣為燃料

插電式混合電動車具雙模式，操作上更具彈性
——插電式混合電動車能源驅動模式

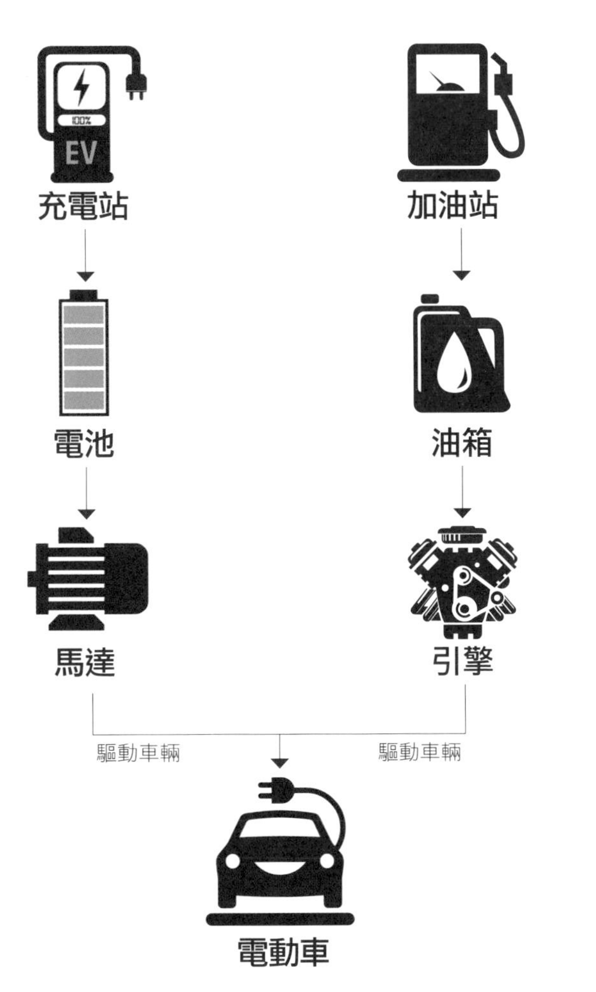

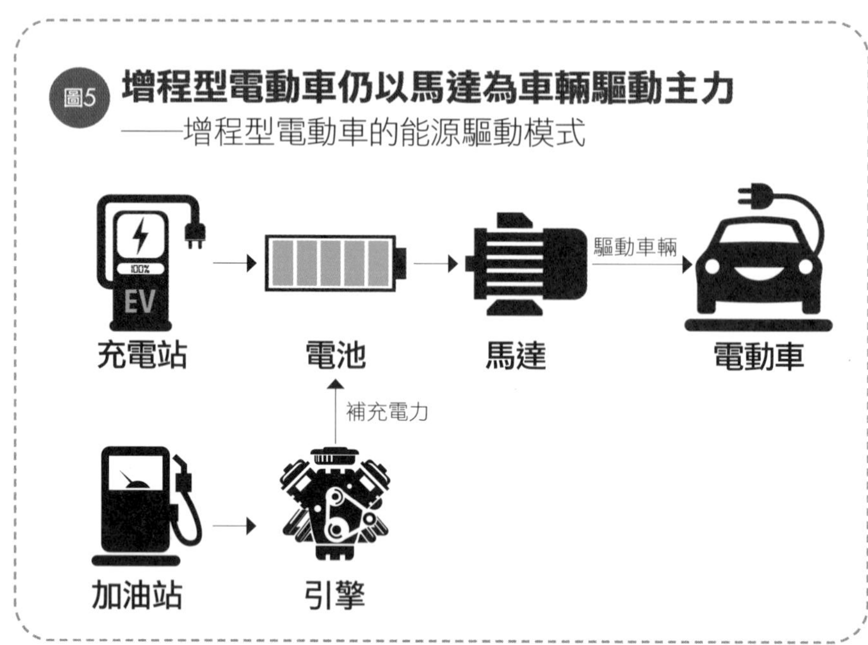

的電動車就可稱為氫燃料電池電動車或是氫電動車。運作原理是透過氫氣和空氣中的氧氣，在「燃料電池堆」（Fuel cell）中做化學反應，並產生電能來驅動馬達及為蓄電池充電，最終讓車輛得以行駛。整個過程僅會排放熱和水，因此被認為是種「零汙染」的電動車。

不過這種氫燃料電池電動車並未成為目前的市場主流趨勢，當中最主要的原因之一，同時也是個備受爭議的地方，就在於氫氣的製造上。和電能不同的是，製造氫氣幾乎得靠人工的方式進行，也就

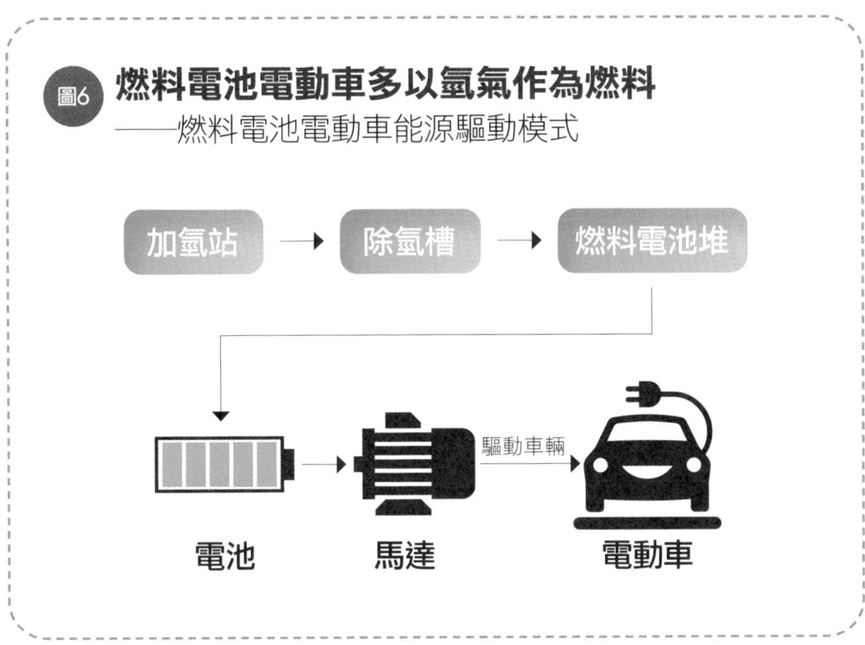

是需要透過石油化學的方式來製造，如此一來又會回到最初的問題——沒有解決石油燃料不足的困境，而且過程中還會帶來汙染，到頭來還是沒辦法擺脫石油這種嚴重汙染地球的能源。

再加上「氫能（氣）」即使被製造出來，仍需要經過壓縮、運送、貯存等階段，末端更需要廣設加氣站，全部過程都會製造非常多的碳足跡，最後仍無法有效減少碳排放，這也是特斯拉執行長伊隆·馬斯克（Elon Musk）認為氫能終究無法取代電能作為車體燃料的原因之一。雖然在日本等國家有嘗試實行過相關政策，來鼓勵、推行氫能源，但結果不難想見，就是成效不彰，純電動車遂成為當今全球的主流發展趨勢。

在實際應用上，純電動車具 7 大優勢

前面我們了解到電動車的 3 大動力驅動模式及 5 大類型，現在就來盤點一下純電動車在實際生活應用上，有哪些優勢（詳見表 2）。

優勢 1》維護成本較傳統燃油車低

前文內容曾提到，和燃油車相比，純電動車在結構上比燃油車更單純、簡單，也沒有燃油車的複雜零件——少了 3 成左右。尤其是內燃引擎的結構非常複雜，像是發動機、汽缸、變速箱等複雜的機械結構，因此純電動車不用像燃油車那樣，需要 5,000 公里一次小保養、2 萬公里大保養，基本上僅需做耗材更換，例如輪胎、煞車皮等，也不用像傳統燃油車那樣頻繁進廠維保。換句話說，進廠保養的次數少了，自然也能省下更多原先這部分的花費。

優勢 2》環保特點對地球更友善

雖然電動車所需的電力源頭有可能不是潔淨能源（編按：指的是不排放汙染的能源，如太陽能、風力、水力等發電模式），但純電

表2 純電動車的整體性能體驗較燃油車佳
——純電動車與傳統燃油車比較

項目	純電動車	傳統燃油車
維護成本	較低	較高
環保特點	對地球較友善	對地球較不友善
智能駕駛	較佳	僅有部分車款享有基礎自駕等級
駕駛環境	較大	較小
整體性能	CP 值較佳	CP 值較差
政府稅務優惠	較多	較少
購置成本	有下降趨勢	有上升趨勢

動車在實際運作過程中，確實能做到比燃油車更環保，最顯而易見的就是不排放廢氣，更沒有排氣所衍生出來的噪音問題，也沒有引擎帶來的振動……，整體而言更安靜、更乾淨，對地球環境也更加友善。

優勢 3》智能設備讓駕駛更輕鬆

現代的純電動車除了是以電力為驅動力外，另一個未來發展的重要關鍵就在於「智能」設備；也就是說，電動車不再只是「用電能驅動的車輛」，而是配有更高級的 AI 智能設備，同時這也是當今電動車產業最受矚目的焦點之一——「自動駕駛」技術。

雖說目前的自動駕駛系統發展尚未完全成熟，也還沒辦法讓系統完全自動運行，但這項技術正在不斷進步中。試想，當全然放手給系統駕駛的那天來臨時（Level 5），不只你可以成為一個「更懶惰的駕駛人」外，自駕系統也可有效避免因疲勞駕駛而發生的事故。

關於自動駕駛系統，由低至高可分成 6 個等級（Level 0 ~ Level 5），每種等級各自對應一種駕駛模式，詳細內容會在下一章節 2-3 中再為大家做更細部的介紹。

優勢 4》更大空間的駕駛環境

買車時，若是在預算、性能配件的「同級車」中做挑選比較，在實用考量下，相信多數人應該會選擇車內乘坐空間較大的那一款吧？而如上面所說，電動車在硬體配件上更單純精簡，也因為沒有燃油車那些龐雜的引擎設備，電動車能因此騰出更多空間給使用者。

優勢 5》整體性能 CP 值更高

在燃油車的世界中，如果駕駛人追求更高的性能（馬力），也就意味著必須花更多的錢，換取更大的馬力。而電動車是透過馬達功率直接輸出、擁有高扭力表現（編按：扭力愈高，車子的加速性愈好），動力輸出更顯著，不像燃油車那樣，必須透過內燃引擎來產生動力，並得依據不同地形環境來進行變速、扭力調整等……。

在能源轉換上，燃油車效率較電動車來得低。用這樣來理解好了，純電動車無論地形是高山、爬坡……，動力回饋是立即性的，沒有燃油車的變速箱的轉換過程，相當於油門一踩，通常馬上就有顯著的動力性能體驗。也就是說，和傳統燃油車相比，未來使用者所花的每分錢，能夠買到的性能會更好，即使是較低階的電動汽車，性能表現上也會讓人更有感。在未來，電動車有望為人們帶來更高、更優質的駕駛與乘車體驗。

優勢 6》享有政府稅務優惠

關於電動車，現在還有經濟面上的優勢，那就是政府的稅制優惠。由於目前電動車是全球各主要國家所主力推行的政策之一，因此勢必會在稅制上給予一些相對應的優惠措施，來提高電動車的普及率以及轉型。而電動車在實際上的稅務優惠，也會依各國政府規定而有所差異。

優勢 7》電動車成本將持續下降

相對於傳統燃油車來說，電動車產業技術目前仍處在剛起飛的成長與技術突破階段，不像現在的燃油車，已來到技術非常成熟、市場飽和的階段。未來在電動車技術逐漸純熟的情況下，勢必會像過往燃油車的黃金年代一樣，透過商業化的大規模量產來壓低整車價格。一旦電動車價格變得更親民時，將會再度推升電動車的普及率。也就是説，對一般多數民眾而言，未來電動車不再會被認為是種過於昂貴的交通工具，而是會變得愈來愈親民，成為你我生活裡的新日常。

2-3 掌握電動車未來發展核心——自動駕駛系統

一個晴朗的午後，正打算帶著家人外出用餐購物的John，透過身上穿戴的行動裝置，直接對智能助理說：「嘿，10分鐘後把車子開到住家門口處等我，然後出發前往賣場。」10分鐘後，John的智能電動車早已在家門口前待命。時逢炎熱的夏天，在陽光直射下，車內氣溫動輒來到攝氏35度、40度，甚至更高，但車內卻是異常涼爽。

原來在等待John一家人的期間，車輛早已透過AI智能感應車內氣溫，提早將空調打開，並根據當時環境、考量人體舒適程度，動態調整車內溫濕度，為John一家人提供無微不至的照顧。

即便車子曝曬在豔陽下，John依舊能順利地帶著家人開心出門，享受這種零時差、無縫接軌的接駁，同時更不用忍受車內高溫之苦。但另個問題是，John全家都沒人有駕照，這樣要由誰來開車呢？

電動車透過AI智能進行車內調節——智能電動車的未來情境示意圖

周邊路況、人車感應
偵測車內情況，自動調節人體舒適溫濕度
汽車前擋、車窗等玻璃自動感應紫外線強弱而變色調節
精準時間抵達指定地點
智能電動車

其實，John 一家人已經不再需要駕照這種東西，因為他們根本「不用親自開車」！這輛車在接收指令後，除了能依當時條件規畫最佳路徑外，更能做到全然地自動駕駛，並安全地把 John 一家人送達目的地。換句話說，John 現在不只釋放了原先要放在駕駛方向盤的雙手，更不用一心多用，一邊和家人聊天一邊開車，不只變得更安全，更多出了和家人相處的寶貴時間（詳見圖 1）。

上面這種情境你是否也曾想像過？其實人類對於「車輛」與「人

工智能」（AI）做結合的想像，早已不是什麼新鮮事，無論是電影、戲劇還是小說……，這類型的相關內容不勝枚舉，例如距今40年前，曾在1982年～1986年左右紅極一時的美劇《霹靂遊俠》（Knight Rider）。當中的主角李麥克（Michael Knight）駕駛著霹靂車行俠仗義，而他那輛霹靂車，就是一輛高科技的人性化電腦車，李麥克透過和車內的AI智能「夥伴」進行對話，順利完成每次任務。

當然，除了《霹靂遊俠》外，還有其他類似題材的時代經典。下面這例子，對有些人來說可能同樣感到有些年代感，對年輕一點的朋友來說，還可能真沒看過，不過它非常具有時代的代表性，和智能車也有非常緊密的關係，同時應該也是不少台灣6年級～7年級生（編按：指的是1971年～1990年左右出生）們共同的回憶，這部就是日本的經典動漫──《閃電霹靂車》。這是個關於配有AI電腦的賽車故事，時代背景設為2015年，也就是當時的「未來」，描述未來的AI賽車──Cyber Formula已取代當今的F1賽車，而主角風見隼人所駕駛的「阿斯拉」（ASURADA），就是配有人工智慧的超級賽車。

若再更貼近現代一點，像是索尼遊戲大作《底特律：變人》（Detroit：Become Human）、電影《機械公敵》（I，Robot）等，雖然內容核心並非聚焦在智能車上，但裡面都曾出現過許多自動駕駛的智能車場景。

時至今日，過去的這些科幻情節裡的技術，對現在的我們來說可能早就習以為常，但在過去 30 年、40 年的那個時代，網路、個人電腦（PC）都不普及，當然也沒有所謂的「智慧手機」。在這樣的時空背景下，對未來科技卻能有那麼精確的想像輪廓，不難想見人類對科技的期待與想望。

先進駕駛輔助系統》部分燃油車也有相關配置

試圖讓車輛「更智慧化」這件事，其實並非電動車獨有，早在燃油車時代就已經開始進行，但即便如此，過去的車輛本身並非擁有 AI 智能，而是透過車上配置的大大小小、各式各樣的感測器（Sensor）進行偵測，並將所監測到的數據傳送給處理器（Processor）分析、判讀，最後再將指令傳送給執行器（Actuator）來快速執行相對應的裝置控制或反應，這套系統就稱為「先進駕駛輔助系統」（ADAS，Advanced Driver Assistance Systems），而 ADAS 其實也就是自動駕駛系統（ADS，Automated Driving System）的核心基礎。

ADAS 的主要功能，即是「輔助」駕駛人進行車輛的控制，在特

ADAS 3大結構輔助駕駛人控制車輛

——先進駕駛輔助系統（ADAS）簡介與運作邏輯

感測器（Sensor）

功能：環境感知

應用範圍：偵測環境周遭訊號，如光學雷達、熱能、微米波等

處理器（Processor）

功能：計算分析

應用範圍：運算、分析並做資訊判讀，形成駕駛人能夠理解之資訊

執行器（Actuator）

功能：控制執行

應用範圍：依判讀資訊做出相對應的設備機具控制，快速應變

定環境下，這套系統會發出警示、偵測、提醒、強制作用如緊急煞車等，避免意外事故發生、保障車內人員安全。而 ADAS 系統主要有 3 大結構，分別是「感測器」、「處理器」和「執行器」（詳見圖 2）。

隨著技術的成熟進步，ADAS 在價格上也有愈趨親民的趨勢，車

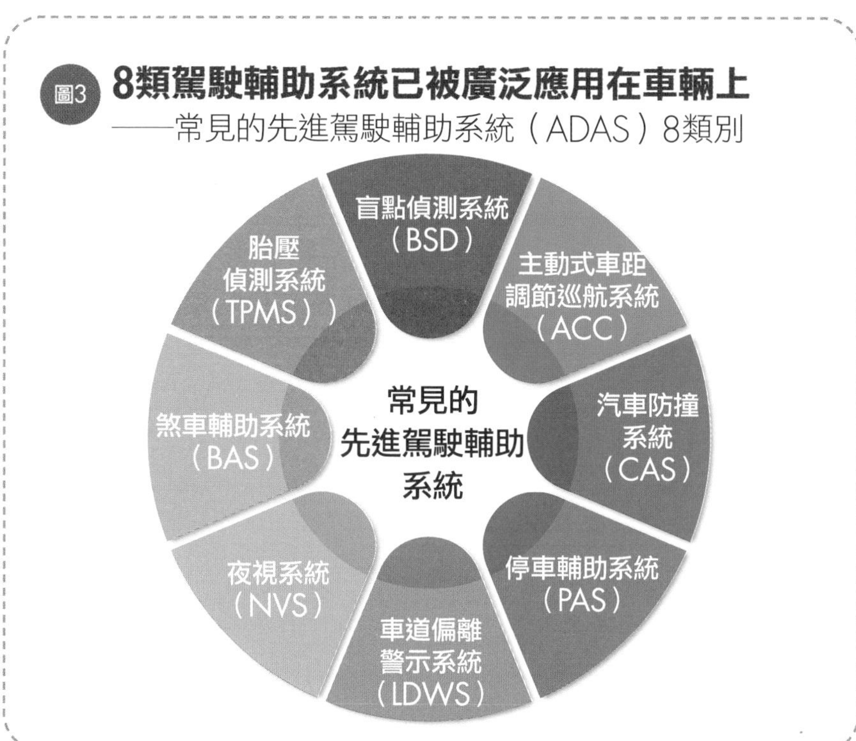

8類駕駛輔助系統已被廣泛應用在車輛上
——常見的先進駕駛輔助系統（ADAS）8類別

輛安裝上也更為普及，各種不同的 ADAS 系統都被廣泛應用在車輛上。回顧過去的燃油車時代，往往只有高級車種才會配有 ADAS，不過在未來，這些系統將成為智能電動車的標準配備，而且在智能化上將比燃油車更勝一籌。

以目前常見的 ADAS 系統來說，有 8 個類別（詳見圖 3）：

1. 盲點偵測系統

盲點偵測系統（BSD，Blind Spot Detection System）中的「盲點」，顧名思義指的就是駕駛人看不見的視線死角，包括三面後照鏡看不見的區域，如 A、B、C 柱等……，這幾個區域常因為視線的關係而發生事故，所以通常會在這幾個地方加裝感測器，例如紅外線或雷達等等，來偵測車輛周圍的盲點區域，當有行人、車輛等物體靠近時會發出提示音、亮燈或其他警示方式提醒駕駛人。

2. 主動式車距調節巡航系統

相信這套主動式車距調節巡航系統（ACC，Adaptive Cruise Control System）很多人應該都不陌生，簡單來說它是種自動跟車系統，透過安裝在車輛前方的感測器，偵測前方環境與前車之距離，做到自動調整車速的系統。這套系統通常會結合「定速」功能，當與前車距離拉大時會自動加速；反之，當距離變小時則會自動減速。在路況單純（如高速公路）的長途駕駛下，能減低駕駛時的疲勞感，藉以提升安全性（詳見圖 4）。

3. 汽車防撞系統

依各家車廠不同，汽車防撞系統（CAS，Collision Avoidance System）又有「預防碰撞系統」（PCS，Pre-Crash System）、「前方碰撞預警系統」（FCWS，Forward Collision Warning

System）、減少碰撞系統（Collision ,Mitigation System）等幾種名稱，這套系統和主動式車距調節巡航系統運作的原理差不多，一樣是透過車輛前方的感測器，持續掃描前方道路狀況，再依照車輛行駛狀況來判斷碰撞的可能性，並做出相對應的措施。

圖4 ACC系統偵測與前車距離後適時調整
——主動式車距調節巡航系統（ACC）示意圖
偵測與前方車輛距離，並自動調整車速

例如當與前車的距離變小的時候，通常多會啟動第1階段措施——發出警示音，同時在車顯螢幕跳出警示訊息提醒駕駛人留意，如果駕駛人沒有做出反應，會再啟動第2階段——自動輕踩煞車，如果駕駛人依舊沒有反應，系統就會啟動自動緊急煞車，防止碰撞意外產生。

4. 停車輔助系統

在人多的大都會區開車，除了人多車多、車位一位難求外，停車空間也是又窄又小，像是路邊停車可能就是不少人的惡夢，而停車輔助系統（PAS，Parking Aid System）的問世，就是要解決駕駛時停車的問題。停車輔助系統又可分為主動與被動，主動式的停車輔助系統可以自動控制方向盤，協助駕駛人完成停車動作；被動式的停車輔助系統，像是使用倒車顯影、超音波感測器提供影像與聲音給駕駛人做參考，最終得靠駕駛人自行完成停車動作（詳見圖 5）。

5. 車道偏離警示系統

車道偏離警示系統（LDWS，Lane Departure Warning System）就是車輛會透過感測器，如車身側面的後視鏡影像感測器，或車內後視鏡中的前方影像感測器等，來判別車輛是不是還在原有的車道線內。當駕駛人因為疲勞駕駛打瞌睡、講電話、撿東西等行為而讓車輛偏離車道時，通常會以警示音、振動方向盤，或系統直接施力藉以拉回方向盤等方式，來提醒駕駛人返回車道。

6. 胎壓偵測系統

胎壓偵測系統（TPMS，Tire-Pressure Monitoring System）就是專門偵測胎壓的系統，最主要仍是安全考量──當胎壓不足時容易造成行車安全。當有一顆或多顆輪胎的胎壓不足時，會亮起警示燈

圖5
停車輔助系統可偵測周遭環境，讓停車更快速
——主動式停車輔助系統示意圖
P
主要為偵測周遭環境，執行停車；
輔助功能則可以進行路邊停車

警告駕駛人胎壓不足，預防交通意外。

7. 煞車輔助系統

根據研究指出，遇到突發的緊急情況發生時，約有一半的駕駛人會採取緊急煞車來因應，但同時也可能會出現因為過於慌張，而沒有全力踩下煞車踏板的情況，進而導致事故發生或釀成更嚴重的意外，因此才會發展出煞車輔助系統（BAS，Brake Assist System），來彌補駕駛人可能發生的失誤。

BAS 的作用原理，是透過偵測駕駛人踩煞車的力道和速度，來對煞車系統進行加壓，讓煞車系統迅速產生更強的煞車力量。不過有個特別的情況是，如果駕駛人錯把油門當煞車踩的情況，系統可能會無從得知駕駛人其實是想煞車的真正意圖。

8. 夜視系統

這套夜視系統（NVS，Night Vision System）最主要是要幫助駕駛人，在夜晚或雨天視線不良時能保持安全，原理是透過高感光度影像感測器、紅外光影像感測器等作為輔助，提供車輛前方行人、動物、車輛、環境等輔助影像給駕駛人參考留意。

嚴格來說，車輛的「電動化」和「自動駕駛」並沒有直接的關聯性，也就是說，電動車不一定擁有智能或自駕功能，而燃油車也不一定無法發展自駕系統。如上段內容所說，燃油車在很早期其實就已經開始發展 ADAS 了，為什麼現在自駕系統配置會成為純電動車的主流趨勢呢？

主要原因之一，在於電動車和燃油車結構不同，「純電化」的結構更容易導入自動駕駛技術。而當今的電動車，本身其實是種廣義的電子產品，和資訊通信、自駕科技等系統相容性好、搭配組合性極佳，因此自駕系統在電動車發展上成為未來焦點，全球電動車大廠特斯拉（Tesla），就是以自駕系統打響智能電動車潮流的第一槍。

如果你曾看過當今的電動車代表——特斯拉車內的情況，會發現中控部分非常簡潔，幾乎可以說是只有一塊平板螢幕，沒有過多的機械結構，就像是一台會移動的大型電腦或智能手機。這和特斯拉在 2017 年時，將公司名稱由特斯拉汽車（Tesla Motors）改為特斯拉科技（Tesla Inc）也有些關聯，正巧說明了特斯拉不是家「造車廠」，而是家「科技公司」。換句話說，未來的純電動車不再只是單純的「交通載具」，更像是一個「高科技智能產物」。

了解了 ADAS 後，現在我們再來要進入智能電動車的未來發展核心——自動駕駛系統。

自動駕駛系統》在國際上可分為 6 級別

「自動駕駛」很好理解，就如同字面上的意義，車輛無須駕駛人主動地進行控制，這套系統就稱為自動駕駛系統。具備 ADS 的車輛，廣義來說就稱為自動駕駛車（AV，Autonomous Vehicles），而 ADS 的核心技術，則必須奠基在「ADAS」上。

不過，這又出現一個問題，那就是「究竟要做到什麼樣的程度，才能算是擁有『自動駕駛』功能呢？」

關於自駕系統的程度和定義，目前國際上有個明確的定義及對應的標準。根據國際汽車工程學會（SAE International）的分類，自駕等級由低至高，可分為 Level 0 到 Level 5，共計有 6 個級別（詳見表 1）。

Level 0》人工駕駛（無自動化駕駛）

Level 0 是完全的人工駕駛，無任何的自動功能與輔助系統，無論是車輛方向、周遭環境觀察等，一切都得仰賴駕駛人本身。

Level 1》駕駛輔助

Level 1 階段的車輛具有多項的先進駕駛輔助系統，目前市面上大多車輛都配有這些相關的輔助功能，但車輛的操作還是需要駕駛人主動操控。

Level 2》部分自動駕駛

Level 2 階段的駕駛人還是得主動去控制車輛，但車輛上的輔助系統技術更為純熟和進步，更能發揮作用讓駕駛人明顯減輕操作負擔，像本章節前半段提到的 ADAS，如主動式車距調節巡航系統、盲點偵測系統、汽車防撞系統等技術⋯⋯。

表1 自駕等級Level 4與Level 5無須人為主動操控
——自動駕駛的6種等級

級別	名稱	說明	監控駕駛環境
Level 0	人工駕駛（無自動化駕駛）	完全由駕駛人操控	人工
Level 1	駕駛輔助	大部分需要駕駛人主動操控	人工
Level 2	部分自動駕駛	多項駕駛輔助，仍需駕駛人主動操控	人工
Level 3	條件自動駕駛	車輛能完成部分自動駕駛功能，駕駛仍須接手操控	人工
Level 4	高度自動駕駛	車輛能在特定場域或特定條件下完成自動化駕駛，無須人為主動操控	自動
Level 5	全自動駕駛	無論任何情況皆可由系統自動操控，無須駕駛人	自動

資料來源：國際汽車工程學會（SAE International）

在自駕系統裡，大家最耳熟能詳的電動車龍頭特斯拉，其自駕系統目前也只達到 Level 2 的程度，離完全自駕的 Level 5 還有很長的距離！雖然特斯拉稱這套系統為「全自動駕駛」（FSD，Full Self-Driving），但國內的中文名稱則多把它翻成「全自動輔助駕駛」，較能符合目前這套自駕系統對應的級別程度，同時也不會令人誤解。而目前能做到 Level 2 自駕等級的並非只有特斯拉，其他傳統燃油車大廠所推出的特定車款中，也能做到 Level 2 的駕駛等級。

Level 3》條件自動駕駛

Level 3 可以說是 Level 2 的進化版，但 Level 3 階段卻已經進入到真正的「真自動駕駛」，因此 Level 3 多被視為是進入全自動駕駛的門檻。這時的車輛可以在大部分情況下自動駕駛，但駕駛人還是要隨時準備控制車，若汽車偵測到緊急情況，或遇到需要駕駛人的情形時，會切換系統讓駕駛人進行接管、控制。例如駕駛人可以釋放雙手不抓方向盤，眼睛也可以不用監看路況環境，邊開車邊玩手機、發 Mail 或是聊天等……，不過萬一出現緊急狀況，需要駕駛人做判斷、決定時，還是需要駕駛人主動介入，像是緊急變換車道、臨時停車等，因此駕駛人還是無法離開「駕駛座」。

也就是說，當系統判斷需要駕駛人做主動性接管時，駕駛人得在短時間內趕快做判斷和反應。雖然這階段的駕駛人在開車時，會比過去 Level 0 ～ Level 2 還來得輕鬆些，但仍須保持一定的專注力在車輛行駛上，駕駛人不能在 Level 3 車輛行駛過程中，做出睡覺、其他無意識或那些沒有辦法在緊急時刻立即接管車輛的行為。

Level 4》高度自動駕駛

Level 4 已經可以讓車輛完整自駕，也就是說車輛可以自己執行轉彎、換車道、加速、煞車等工作，雖然駕駛時不必介入控制，但駕駛人基本上還是得在「駕駛座」上。只有在特殊情況例如意外事故、嚴苛的氣候條件、道路模糊不清等，駕駛人才會需要接手操作。

Level 5》全自動駕駛

Level 5 是自駕車最高等級，也就是自動駕駛的最後一哩路，這時候的自駕車就像輛擁有 AI 智慧、更為先進的移動智慧裝置，駕駛人完全不必控制車輛，可以讓車輛做所有的決策。

這階段的車子可能也不會有方向盤、油門或煞車等踩踏板設計，包括駕駛人在內的車內乘客，就像搭計程車一樣（不同的是，這時候已經沒有真人司機），只需要帶著「身體」上車就好，不用花心思在「駕車」上，人們也因此可以好好欣賞窗外風景，專心處理其他重要的事，更能擁有更多的時間，和同在車內的人們一同享受美好的時光。

C.A.S.E》未來汽車產業的 4 大趨勢技術

未來汽車產業，除了電氣化（編按：指電能驅動（Electric））、自動駕駛這 2 項重點外，另外也會逐漸走向聯網科技（Connected）以及共享服務（Shared & Services）這 4 大趨勢技術，就是我們常聽到的「C.A.S.E」（詳見圖 6）。

「C.A.S.E」是由 4 個英文詞彙的字首所組成，分別是代表「聯網科技」的 C（Connected）、自動／智慧駕駛的 A（Autonomous）、共享服務的 S（Shared & Services）和電能驅動的 E（Electric）。這 4 大方向是未來汽車產業的發產趨勢及重心。

在前面 2-2 的章節我們談到了電氣化的 E，也就是車輛（純）電動化，以及本章 2-3 的核心重點——自動駕駛系統。而「聯網科技」和「共享服務」則是另外 2 塊產業的未來重要拼圖：

聯網科技》智慧化的關鍵重點

在物聯網時代，透過網路連結，機器與機器、機器與人類的互動關係產生了重大的變革。時至今日，隨科技發展，我們也能體會到物聯網的便利性與互動性，例如只須靠著手機、網路與軟體 App，就能遠端操控家電如電燈、冷氣、啟動電子鍋煮飯等……，「聯網科技」是重要的幕後推手，當然，汽車也是。

當人類的交通工具——汽車，從單純的移動載具逐漸邁向智慧化的同時，聯網科技是個關鍵重點，因為車輛要達到高度的自動駕駛，必須同時結合 5G 高速傳輸技術、雲端運算、AI 人工智能、電子裝

聯網科技、共享服務是未來汽車業發展趨勢
——全球汽車產業的4大主軸趨勢

C：聯網科技
（Connected）
透過網路傳輸科技，將車與車、車與人連結起來，做出最合適的協調與搭配，也就是俗稱的車聯網

A：自動／智慧駕駛
（Autonomous）
汽車智能化的重點。以各種軟、硬體設備做環境監測與數據判讀，讓車輛自動做出最合適的反應與措施

S：共享服務
（Shared & Services）
以共享取代買斷，同時也能讓車輛創造更多價值

E：電能驅動
（Electric），又稱為電氣化
以電動馬達取代傳統燃油引擎，為車輛提供動能，此過程又可稱為電氣化

置等高端技術和設備才做得到。而統籌這些技術、設備與系統，能夠讓物件與物件、物件與車輛、車輛與車輛、人與車輛等之間做出完美的協調與搭配，這就是「車聯網」。

共享服務》有望創造新興交通模式

另一個發展重點就是共享服務。提到共享，可能有很多人會想到的是「共享（電動）機車」，例如 GoShare、WeMo、iRent 等，或是共享單車 YouBike、oBike 等……，當然國內外也有共享電動汽車的服務，只不過仍不像共享單車或共享電動機車那樣來得普及。

共享的核心概念就是——你可能不必擁有，當你有需要時，再以租用的方式即可，而且在租用時間、租還車地點上有極大的彈性。這種方式對使用者來說，最大優勢在於，不用花很高昂的費用來「買斷」它、擁有物件的所有權。例如當你不需要買一輛屬於自己的汽車後，你也不用花後續的維修保養費用，每年的汽車所需繳納的稅金也省下了，當然也不用再擔心寸土寸金的都會區找不到位置停車，更不需要花一大筆錢去養一個貴森森的停車位。

在自駕、聯網科技成熟的未來，共享電動車服務將有望成為一種新興的交通模式。試想，當你要出門上班時需要用車，只須透過網路叫取附近的自駕電動車租用，隨後車輛自動駕駛到你家門口等你，而上車後的你可以在車上做任何事，例如發 Mail、梳化、補妝、休息等，只需靜待自駕車將你送往目的地。

或是另一種情況，你買了 1 輛擁有自駕功能的智能電動車，而每天只需要來回 1 個小時通勤、載你上下班。而載你上班後，你可以選擇讓車輛自行返家充電，或是讓它成為共享服務的一環，例如成為無人的 Uber 車輛載客賺錢，或在你上下班的期間開放共乘等方式，這些都是屬於共享經濟的一環。甚至也不必將車輛僅限為載具，透過自駕與聯網技術去找出更多的可能，例如行動辦公室、行動電影院等……，這些情況都是有可能實現的未來。

未來有朝一日，在 C.A.S.E 的技術日趨成熟下，將帶動共享化的新興交通商業模式，人們、家庭或企業等擁有自有車輛的比率也會降低，路上的交通行車效率也會大為提高。不論是 C.A.S.E 當中的哪一種，都讓人對未來的移動新革命抱有相當大的期待與想像。

Chapter 3

從完整供應鏈 挑海內外標的

3-1 上游》電池材料供應商 中、日、韓三足鼎立

第 1 章、第 2 章介紹了電動車的歷史起源、發展背景和一些相關知識，第 3 章我們要來聊聊電動車的產業鏈（上游、中游、下游）與相關廠商。

就電動車產業鏈來說，上游是以電池材料（如正極材料、負極材料、電解液、隔離膜）、馬達材料（如矽鋼片）、車體材料為主（詳見表 1）；中游則以電池系統（如電池零組件、電池管理系統）、電機系統（如馬達、減速齒輪、定子／轉子）、電控系統（如整車控制器、馬達控制器）、車身系統（如鍛造鋁圈、扣件）等為主；下游則以充電系統（如充電樁、充電槍頭）、電動車製造商（如電動巴士、電動汽車）為主。

由於電動車產業鏈的上、中、下游各有許多值得探討之處，因此，這一節我們先將重點放在電動車的上游產業，後續 3-2、3-3 會再為

電動車產業鏈上游以供應材料為主
——電動車產業鏈上、中、下游產品

	上游	中游	下游
產品	電池材料、馬達材料、車體材料	電池系統、電機系統、電控系統、車身系統	充電系統、電動車製造商

大家介紹電動車中游產業和下游產業。

電池是電動車的核心

前面有提到，電動車的產業鏈上游包括電池材料、馬達材料和車體材料等，然而根據產業價值鏈資訊平台的資訊顯示，電動車的核心在於「電池」，因此下面我們會以探討電池材料為主。

就電動車而言，它的電池種類以「二次電池（又稱蓄電池、充電電池，指可重複使用的電池）」為主，依材料不同，可分為鉛酸電池、鎳鎘電池、鎳氫電池、鋰電池（又稱為「鋰離子電池」）等不同種類（詳見圖1）。而在幾種不同的二次電池當中，應用最廣泛的，當屬「鋰電池」。為什麼鋰電池會大受歡迎呢？那是因為它具備高能量密度、幾乎無記憶效應、壽命長、充放電次數多又快，且可重複充放電等優點，故而備受青睞。

在繼續介紹之前，我們先來說明，什麼是「能量密度」和「記憶效應」？

1. 能量密度

能量密度是指在一定空間或質量物質中儲存能量的大小，對電池而言，能量密度則是指電池平均體積或質量所釋放出的電能。一般來說，電池的能量密度愈大，單位體積內儲存的電量就愈多，而目前工業生產的鋰電池，能量密度普遍在 150Wh/Kg ～ 300Wh/Kg（瓦時／公斤），高於鉛酸電池、鎳鎘電池、鎳氫電池的能量密度。

2. 記憶效應

至於記憶效應，則是指電池多次充電使用後，充飽電卻很快就沒電的現象。之所以會有記憶效應，是因為當電池充電不完全，或放電不完全時，會因為化學反應產生出較大的結晶，進而讓電池的反應變差，造成能量密度變小，電池的容量便會隨之縮減。不過大家也不用太過擔心，因為記憶效應主要是發生在早期使用的鎳鎘電池上面，如今隨著科技發展，電動車主流使用的鋰電池，幾乎沒有記

圖1 **二次電池可重複充電，其中以鋰電池應用最廣**
——一次電池vs.二次電池

一次電池 一次性電池，電力用完後無法補充	碳鋅電池、鹼性電池、氫氧電池、汞（水銀）電池、鋅空氣電池
二次電池 又稱蓄電池、充電電池，為可重複使用的電池	鉛酸電池、膠體電池、鎳鎘電池、鎳氫電池、鋰電池、鋰離子聚合物電池、磷酸鐵鋰電池

目前電動車最常使用的是二次電池中的鋰電池

憶效應（詳見表 2）。

如果看到這你已經被一堆專有名詞搞得頭昏腦脹的話沒關係，你只要記得，目前電動車的主流電池是鋰電池就好了！下面，我們會繼續針對鋰電池做進一步說明。

鋰電池為電動車主流電池，主要由4材料組成

鋰電池主要是由「正極材料」、「負極材料」、「電解液」和「隔

表2 鋰電池幾乎沒有記憶效應
——二次電池的記憶效應

	鎳鎘電池	鉛酸電池	鎳氫電池	鋰電池
記憶效應	嚴重	輕微	輕微	極輕微

資料來源：Electronics Lab、國科會

離膜」4種材料組成（詳見圖2）。其中，正極材料和負極材料決定了整個電池的操作電壓及能量密度；電解液主要負責傳導鋰離子穿梭於電池中；而隔離膜主要是防止正負極直接接觸導致短路。接下來，我們將針對這4種材料，為大家做進一步說明：

材料1》正極材料

正極材料是鋰電池能量密度與安全性能的關鍵，占鋰電池成本的30%以上。正極材料依使用的金屬材料不同，可分為鈷酸鋰（LCO）、三元系（包含三元系鋰鈷鎳鋁（NCA）、三元系鋰鈷鎳錳（NCM））、錳酸鋰（LMO）和磷酸鐵鋰（LFP）幾種。

雖然正極材料有許多種，但目前電動車電池的正極材料，多以「磷酸鐵鋰」和「三元系（主要應用在電動乘用車領域）」為主。

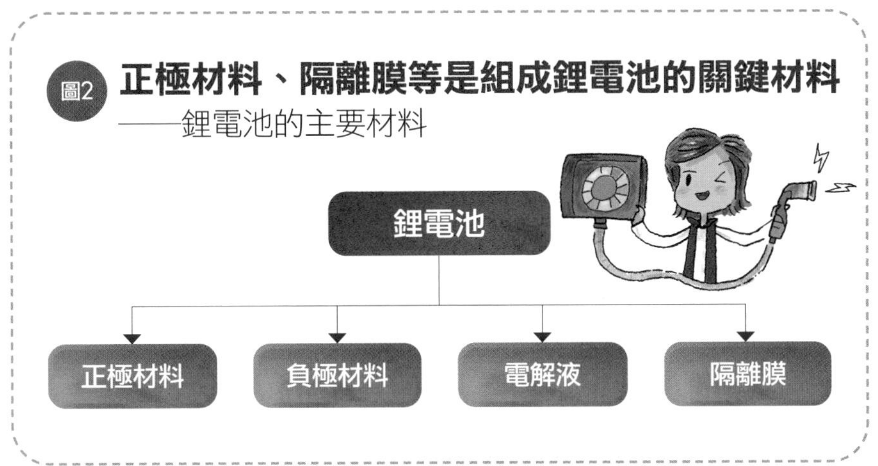

若將兩者相比，磷酸鐵鋰電池壽命長、安全性高、成本低廉，但缺點是能量密度較低，主要應用在經濟實惠的電動車款，例如特斯拉（Tesla）價位較低的 Model 3 和 Model Y，就是使用磷酸鐵鋰電池；三元系鋰電池壽命短、安全性也比磷酸鐵鋰電池低、成本也較高，但它的優點是能量密度較大、續航力強，因此適用於較高階的電動車，例如特斯拉較高階的 Model S 就使用三元系鋰電池（詳見表 3）。

綜觀全球，鋰電池正極材料呈現中國、日本、韓國「寡頭聚集」的格局，其中中國較偏向磷酸鐵鋰的發展，相關廠商有中國的寧德時代（CATL）、杉杉股份、德方納米等；日本和韓國則主要開發錳

表3 三元系鋰電池主要應用在較高階的電動車上
——磷酸鐵鋰電池vs.三元系鋰電池

項目	磷酸鐵鋰電池（LFP）	三元系鋰電池（NCA、NCM）
能量密度	較低	較高
成本	較低	較高
主要應用	經濟實惠的電動車款	高階電動車
對應車廠	特斯拉（Tesla）Model 3 和 Model Y、比亞迪（BYD）等	特斯拉（Tesla）Model S、鈴木（Suzuki）、本田（Honda）等

酸鋰和三元系鋰鈷鎳錳，相關廠商有日本的松下（Panasonic）、新日本電工、住友金屬礦山、韓國的 LG Chem 等（詳見表 4）。

而在台灣方面，也有不少廠商投入正極材料的生產，像是台塑鋰鐵材料（原名「台塑長園能源科技」，由台塑集團與長園科技合資成立）、尚志精密化學、泓辰材料、長園科（8038）、美琪瑪（4721）、康普（4739）、立凱-KY（5227）等。

材料 2》負極材料

負極材料決定了鋰電池充放電效率、循環壽命等性能，占鋰電池成本較低。目前商用負極材料主要以石墨這類的碳素材料為大宗，

鋰電池材料供應商以中、日、韓為主
——鋰電池材料供應商

材料		代表廠商
正極材料	中國	寧德時代（CATL）、杉杉股份、德方納米
	日本	松下（Panasonic）、新日本電工、住友金屬礦山
	韓國	LG Chem
	台灣	台塑鋰鐵材料、尚志精密化學、泓辰材料、長園科（8038）、美琪瑪（4721）、康普（4739）、立凱-KY（5227）
負極材料	中國	貝特瑞、江西紫宸、凱金能源
	日本	日立化成、三菱化學
	台灣	台灣中油、鴻海（2317）、碩禾（3691）、榮炭（6555）、中碳（1723）
電解液	中國	天賜材料、新宙邦、國泰華榮、天津金牛、東莞杉杉
	日本	三菱化學、三井化學、宇部興產
	韓國	LG Chem、旭成化學
	台灣	台塑化（6505）、聚和（6509）
隔離膜	中國	恩捷、星源材質、中材科技
	日本	旭化成、東麗、宇部興產、住友化學、W-Scope
	韓國	SKI
	台灣	前瞻能源、明基材（8215）

未來則朝石墨化碳材料、無定形碳材料、氮化物、矽基材料、新型合金和其他材料等方向發展。

鋰電池的負極材料供應商以中國和日本為主，相關廠商有中國的貝特瑞、江西紫宸、凱金能源；日本的日立化成、三菱化學等。而在台灣方面，亦有許多廠商投入負極材料的開發生產，像是台灣中油、鴻海(2317)、碩禾(3691)、榮炭(6555)、中碳(1723)等，其中鴻海、碩禾、榮炭和中碳更於2021年9月簽署材料開發合作備忘錄，未來四方將持續推進材料端的共同開發，提升負極材料的能量密度、循環壽命與快充能力，進而提升電動車動力電池的性能。

材料3》電解液

電解液主要是由高純度有機溶劑、電解質鋰鹽(六氟磷酸鋰等)、添加劑等原料組成，其作用是當鋰電池在充電或放電時，負責帶動鋰離子在正極和負極之間流動的載體。電解液是鋰電池組成中非常重要的關鍵，少了它，電池就不能進行充電和放電，因此電解液也被稱為是鋰電池的「血液」。

過去鋰電池電解液一直都是日本和韓國廠商的天下，但是近年來，隨著中國廠商技術的提高，以及中國國內需求的日益增加，使得電解液產能不斷向中國轉移。電解液相關廠商有日本的三菱化學、三井化學、宇部興產等；韓國的 LG Chem、旭成化學等；中國的天賜材料、新宙邦、國泰華榮、天津金牛、東莞杉杉等。台灣方面，相關廠商則有台塑化（6505）、聚和（6509）等。

材料 4》隔離膜

隔離膜是鋰電池的第 2 大關鍵材料，在成本構成上僅次於正極材料（約占鋰電池成本的 20% ～ 30%），主要以聚乙烯（PE）、聚丙烯（PP）等材質為主。隔離膜位於鋰離子電池的正、負極之間，其功能是關閉或阻斷通道的作用，防止正負極接觸造成電流短路（但電解液帶動的鋰離子可從中通過），確保鋰電池的性能及安全性。隔離膜的性能決定了電池的介面結構、內阻等，會直接影響電池的容量、循環以及安全性能。

就隔離膜的製程而言，可分為「乾式」與「濕式」兩大類。兩者相比，乾式隔離膜的製程工序較簡單、固定資產投入也較小，且製程中不使用溶劑，具有不汙染電池的優點，但其缺點則是能量密度較低；與之相比，濕式工藝生產出來的鋰電池隔離膜則具有較高的孔隙率和良好的透氣性，可以滿足動力電池大電流充放的要求。過去市場上以乾式隔離膜為主，但隨著電動車電池對能量密度的要求提升，濕式隔離膜的滲透率亦將逐漸增加。

綜觀全球，鋰電池隔離膜的供應廠商以中國、日本和韓國為主，相關廠商包括中國的恩捷、星源材質、中材科技等；日本的旭化成、東麗、宇部興產、住友化學、W-Scope 等；韓國的 SKI 等。台灣方面，則有前瞻能源、明基材（8215）等。

固態電池漸有發展趨勢

過去鋰電池的電解液多以液態為主，但如今已逐漸有廠商在開發生產使用固態電解液的「固態電池」。與液態電解液相比，固態電解液無漏液汙染、易燃爆炸等問題，安全性較高。

也由於固態電解液的安全性提高，使得固態電池能採用能量密度更高的正負極材料，進而讓電池的能量密度提高，擁有更高的電池存儲能量。且固態電池不需要隔離膜來防止正極材料和負極材料接觸，這也使得固態電池的體積能較液態電池更小。

不過固態電池尚有一些缺點待克服，那就是它的成本高、不易量產，且因內部構造緊密，易受到熱脹冷縮的影響，若設計不當，恐會影響到內部結構。但換個角度想，倘若固態電池能夠克服上述缺點，由於其體積小、使用上較為安全，且電池存儲能量較液態電池高等優勢，將有望成為主流電池的一種。

3-2 中游》三電系統供應商 掌控電動車最核心技術

在 3-1 中，有提到電動車的中游產業，包括電池系統（包含電池零組件、電池管理系統）、電機系統（包含驅動馬達、傳動系統、逆變器）、電控系統（包含整車控制器、馬達控制器）、車身系統（包括輪框、扣件、LED 燈、散熱組件、音響等設備）等。而其中的電池系統、電機系統以及電控系統，又被稱為「三電系統」（詳見圖 1），是作為替代燃油車發動機系統而誕生的動力系統，也是純電動車最核心的技術。因此，接下來我們將針對三電系統，做進一步的説明。

電池系統》被稱為電動車的心臟

電池系統為三電系統之中，價格最高昂的核心元件。由於電池系統占整車成本最高（約 40%），因此電池系統又被視為電動車的心臟；而降低動力電池成本，也是各大相關企業努力的目標之一。

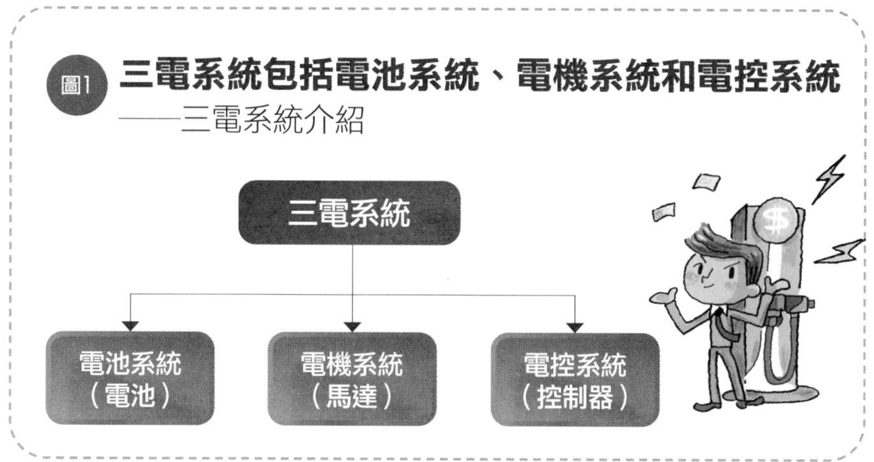

圖1 **三電系統包括電池系統、電機系統和電控系統**
——三電系統介紹

除了電池系統占總成本比重最高這項因素外，電池系統成為電動車產業的發展核心還有另一個原因，就是儲能技術的進步，因為電動車的電池功率、續航效能、體積等對電動車來說都有很大的影響。前面章節曾提到過去電動車發展停滯的主因之一，就是電池無法有重大突破，需要大規模的電池模組才能達到一定的續航表現，但當電池放置數量一多，體積就會變大、車體也會變得更重，對電動車的整體續航力表現就會產生負面影響……。因此，電池技術的突破與改良，是現代電動車發展的重要關鍵所在。

而電池系統，大致可分為「電池零組件」和「電池管理系統」2大類（詳見圖2）：

1. 電池零組件

電池零組件包括電池芯、電池殼體、電池模組結構件等：

①電池芯：其製造流程是經由混合、打漿、塗布、乾燥、輾壓、分條等製作出正負兩極，再經由組裝、灌電解液、封罐後產製完成，台灣相關廠商有有量（5233）、新普（6121）。

②電池殼體：主要用來保護電池和電器系統不受外力破壞，台灣相關廠商有貿聯-KY（3665）、萬旭（6134）。

③電池模組結構件：包括了鋁殼／鋼殼、蓋板、連接片等能夠承受載荷作用的構件，直接關係到電池的散熱性、安全性、密閉性、能源使用效率等性能，台灣相關廠商有乙盛-KY（5243）。

④電池動力線束：用來負責傳輸及電源管理，台灣相關廠商有和勤（1586）。

⑤導線架：又稱為「引線架」，主要以鐵鎳銅的合金組成，是用來支撐晶片，將電子元件內部功能傳輸到外部的銜接電路板。每一個積體電路（IC）的晶片，都必須有導線架配合，台灣相關廠商有順德（2351）。

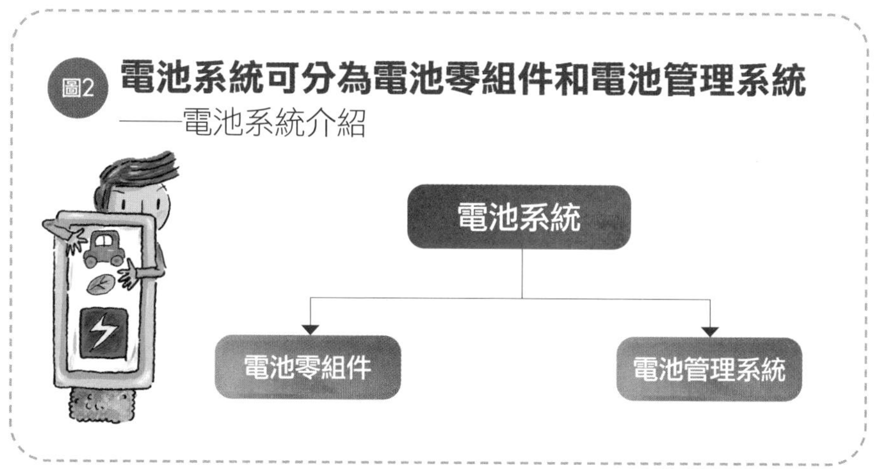

圖2 電池系統可分為電池零組件和電池管理系統
——電池系統介紹
電池系統
電池零組件
電池管理系統

2. 電池管理系統

電池管理系統（BMS）是對電池進行管理的系統，除了可監控每顆電池的狀態，事先找出可能失效的電池，降低停機的風險之外，還能針對電池電壓、剩餘電量進行檢測、對電池溫度等進行全面監測，以防電池過度放電、過度充電、溫度過高等異常狀況出現。台灣相關廠商有台達電（2308）、光寶科（2301）、致茂（2360）。

電機系統》驅動馬達是電動車的動力來源

電機系統指的就是電動車的馬達驅動系統，相當於燃油車的引擎系統，並透過這套系統為車輛提供動力。由於電動車少了很多燃油車中的必要組件，像是發動機、變速箱，進排氣、排氣消音系統等配置，因此在車輛內部空間的設計上，往往也能有更大、更寬敞的空間。

電機系統又可分為「驅動馬達（以下簡稱「馬達」）」、「傳動系統」及「逆變器」3 大類（詳見圖 3），其中最重要的核心就是馬達（即「發動機」）：

1. 驅動馬達

馬達的主要功能是提供電動車行駛所需要的動力，若是依電流來區分，可以分為「直流馬達」和「交流馬達」2 種。不過直流馬達因為容易產生火花、成本高、體積大、過重等問題，較少人使用，而交流馬達則因效率高、輸出大，逐漸成為目前電動車主要的動力來源。

交流馬達又可細分為「感應異步馬達」、「永磁同步馬達」和「繞線轉子馬達」等不同種類，但目前主流設計多以感應異步馬達與永磁同步馬達為主。若將兩者相比，由於永磁同步馬達的體積較小、重量較輕，且效率更高，故已成為目前電動車廠家設計的首選。但要注意的是，永磁同步馬達的製作成本較高，加上關鍵材料來源稀土金屬——釹鐵硼的資源有限，恐將導致這類電機未來發展受限。

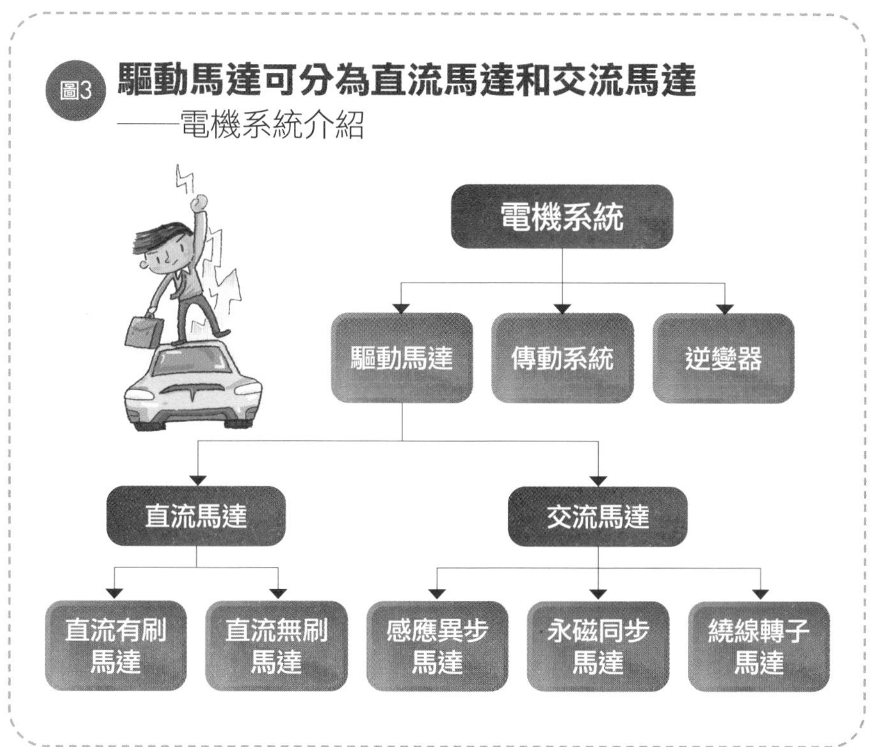

目前與馬達有關的台灣廠商，有士電（1503）、東元（1504）、大同（2371）、台達電等。

2. 傳動系統

傳動系統是指傳動功率到驅動輪、由各零件組成的系統，包含動力接續裝置（包含離合器、扭力轉換器）、變速機構、差速器、傳動軸等。其中動力接續裝置是負責動力接續的裝置、變速器可改變力量的大小、差速器是在車輛轉向時，用來克服車輪之間轉速的不同、傳動軸則是將經過變速系統傳遞出來的動力，傳遞至車輪進而產生驅動力道。與傳動系統有關的台灣廠商有和大（1536）、全球傳動（4540）、智伸科（4551）。

3. 逆變器

逆變器是變流器的一種，可將直流電轉變為交流電。與逆變器有關的台灣廠商有台達電。

電控系統》影響電動車的性能與舒適性

關於「電控系統」，或許對多數人而言較為陌生，如果以人體構造比喻，電池系統是電動車的心臟，那麼「電控系統」就好比電動車的「大腦」又或是一台「會移動的複雜電腦」，作用是在管理、統整動力系統中的每個環節，實際常應用的部分像是電池溫度監測反應、電池壽命、電機輸出功率、環境監測感應與反應、軟體運作、空調、先進駕駛輔助系統（ADAS，Advanced Driver Assistance Systems）等項目，將會影響車輛的安全、性能與舒適性等。由於涉及的技術層面及項目非常廣泛，因此電控系統是三電系統之中，複雜度最高的系統。而電控系統大致又可分為「整車控制器」和「馬

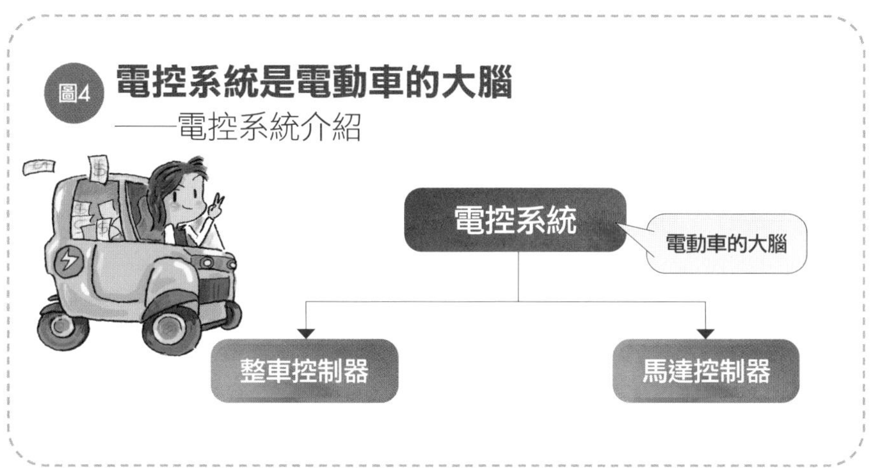

達控制器」（詳見圖４）。

1. 整車控制器

整車控制器是用來管理車上的電池管理系統或馬達控制器，甚至其他電子電機系統控制器，主要功能是蒐集各種訊號和駕駛者的行車資訊，演算後，根據訊號發出相對應的策略指令。

2. 馬達控制器

馬達控制器（又稱為「電機控制器」）是藉由調整電壓來控制馬達輸出速度，或提供煞車功能，可以由人工操作，也可以遙控或自動操作；可以只具有啟動及停止馬達的功能，也可以包括其他較複雜的功能。依馬達類型不同，又分為直流有刷馬達控制器、直流無刷馬達控制器、伺服馬達控制器和步進馬達控制器等。

與電控系統有關的台灣廠商有台達電、致茂、強茂（2481）、貿聯-KY、德微（3675）、致伸（4915）、台半（5425）、茂達（6138）、胡連（6279）、康舒（6282）、大中（6435）、朋程（8255）、富鼎（8261）、高力（8996）等。

車用半導體晶片前景旺

車用半導體晶片主要用於電動車的感應、資料傳輸、運算、執行等，與三電系統（包含電池系統、電機系統和電控系統）息息相關。

目前電動車主要的車用半導體晶片包括微控制器（MCU）、電源管理IC、數位訊號控制器（DSP）、感測器、功率半導體、分離式元件、微機電（MEMS）、記憶體、客製化應用IC（ASIC）等。根據中國天風證券統計，當電動車更大量導入電子裝置時，每輛電動車使用的半導體晶片將提高到1,000顆～2,000顆（傳統燃油車僅500顆～600顆）。

未來隨著各國禁售燃油車，將使電動車的需求增加，車用半導體晶片的需求也會跟著上升，在此情況下，台灣車用半導體晶片相關廠商，如新唐（4919）、台半、強茂、中美晶（5483）、漢磊（3707）、嘉晶（3016）、聯電（2303）、宏捷科（8086）等企業，都有望受惠。

3-3 下游》充電系統、製造商 特斯拉、比亞迪領先群雄

看完 3-1、3-2，了解電動車的上游產業和中游產業後，接著我們可以來看看電動車的下游產業。

電動車的下游產業主要可分為 2 大類，分別是充電系統（包含充電樁、充電站、充電槍、營運管理與系統整合等），以及負責電動車整車組裝與製造的電動車製造商（詳見圖 1）：

充電系統》攸關電動車續航力

對於電動車來說，由於「電」是其最主要的動力來源，因此除了電池系統很重要以外，充電系統也是其中非常重要的一環，因為這直接關係到電動車可以行駛多久與行駛多遠的問題。而就電動車的充電系統來說，主要又可分為「充電樁、充電站」、「充電槍」、「營運管理與系統整合」3 大類。

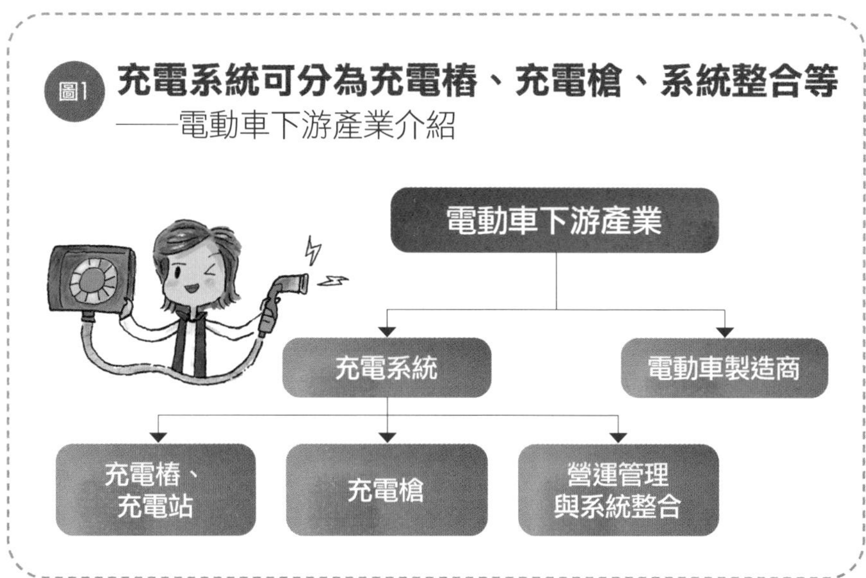

1. 充電樁、充電站

充電樁是替電動車補充電能的裝置，由樁體（包括外殼和人機互動介面）、電氣模組（包括充電插座、電纜轉接端子、安全防護裝置等）、計量模組等部分組成。

一般來說，全球多數電網提供的電流是交流電，但電動車電池使用的卻是直流電，因此需要透過充電樁將交流電轉換成直流電，這樣電動車的電池才有辦法充電。充電樁依提供的輸出電流不同，又可分為「交流電（AC）充電樁」和「直流電（DC）充電樁」2 種。

①交流電充電樁：充電功率低於 22 千瓦（kW），需要透過電動車內的車載充電器協助將電網的交流電轉換成直流電後，再供給電動車的電池使用，因此通常以慢速充電（以下簡稱慢充）為主。由於慢充需耗時 3 小時～ 6 小時才能將電動車的電池電力充飽，故多設立於一般民眾家裡（詳見表 1）。

②直流電充電樁：充電功率超過 22kW，可直接將電網的交流電轉換成直流電供電動車的電池使用，通常會做快速充電（以下簡稱快充）或超快速充電（以下簡稱超快充）的應用。由於快充只需 15 分鐘～ 30 分鐘、超快充只需 5 分多鐘，就能提供電動車 60% 以上的電力補充，故多設立在公共場所供一般電動車的車主使用。但要注意的是，電動車的電池電量若充太滿，恐損害電池壽命，因此大多數電動車車主會將電池電量控制在 40% ～ 80% 之間。

充電樁依安裝方式不同，又可分為「落地式充電樁」和「壁掛式充電樁」2 種，其中落地式充電樁適合安裝在不靠近牆體的停車位，而壁掛式充電樁則適合安裝在靠近牆體的停車位。

若將多個充電樁同放一處，就可將該場所稱為充電站，其功能類似燃油汽車所使用的加油站，都是為汽車提供動力能源。在台灣一個充電站大概會有 10 座左右的充電樁；但若是像美國這種地大物

超快速充電5分多鐘就能補充逾60%電量
——慢充vs.快充vs.超快充

項目	慢速充電	快速充電	超快速充電
充電功率	22kW 以下	22kW 以上	22kW 以上
充飽電時間	3～6 小時	15～30 分鐘（充電量達 60% 以上）	5 分多鐘（充電量達 60% 以上）

博的國家，一個充電站大概會有 50 多座以上的充電樁。過往世界各地的充電站大多只有幾座充電樁陳立其中，但如今充電站多朝複合式商場模式發展，也就是充電站裡除了有充電樁，也有提供餐飲、購物等其他服務，可讓電動車車主消磨電動車充電時的等待時間。

目前台灣與充電樁、充電站有關的個股為士電（1503）、東元（1504）、中興電（1513）、華城（1519）、台達電（2308）、飛宏（2457）、和碩（4938）等。未來隨著電動車的崛起，充電樁和充電站的規模將隨之擴大，這些個股也可望受惠。

2. 充電槍

充電槍的功用與燃油車加油站的油槍類似，是將電力從充電樁導入電動車電池的一種連接裝置。充電槍依據提供的輸出電流不同，又可分為「交流電充電槍（慢充）」以及「直流電充電槍（快充）」。

全球充電槍接頭的主流規格，有美規的 CCS1（快充）和 Type 1（慢充）、歐規的 CCS2（快充）和 Type 2（慢充）、日規的 CHAdeMO（快充，詳見名詞解釋）和 Type1（慢充）、中國的 GB/T（快充、慢充），以及特斯拉（Tesla）專用的 TPC（快充、慢充，詳見表 2）。而台灣市場快充有 CCS1、CCS2、CHAdeMO 和 TPC 等規格；慢充則有 Type 1、Type 2 和 TPC 等規格。

過去特斯拉的充電接頭以 TPC 規格為主，不過 2021 年 7 月，台灣特斯拉宣布之後引進台灣的新車款不再導入 TPC 接頭，將全面改換成歐規的 CCS2 接頭（快充、慢充都是）。且至 2022 年年底，特斯拉專用的 TPC 接頭已從特殊規格轉為開放規格，讓所有汽車業者（包含汽車製造商、充電設備製造商或是電網路營運商等）都能使用該設計，並將之更名為 NACS（North American Charging Standard，北美充電標準）。

目前台灣與充電槍有關的個股為正崴（2392）、健和興（3003）、信邦（3023）、鴻碩（3092）、維熹（3501）、貿聯-KY（3665）、中探針（6217）、良維（6290）等。與充電樁一樣，充電槍的需求將隨著電動車數量提升，這些個股也可望受惠。

表2 特斯拉將自家專用充電規格改為CCS2規格

——全球充電槍接頭主流規格

充電介面	美規	歐規	日規	中國	特斯拉（Tesla）
慢充（交流電，AC）	Type1	Type2	Type1	GB/T	過去為TPC，2021年7月後改引進CCS2
快充（直流電，DC）	CCS1	CCS2	CHAdeMO	GB/T	

註：TPC於2022年年底更名為NACS，並由特殊規格轉為開放規格
資料來源：經濟部標準檢驗局

名詞解釋

CHAdeMO

CHAdeMO是CHArge de MOve的縮寫，源自日文「お茶でもいかがですか」（要喝杯茶嗎？），是指用喝杯茶的時間就可快速充電完成的意思。

3. 營運管理與系統整合

營運管理與系統整合是指與充電樁、充電站等有關的一些系統性功能，例如可以遠端監控充電站、遠端瀏覽及匯出充電紀錄、資料視覺化儀錶板顯示實時狀態、多元支付介面與管理機制、金流費率設定及行銷活動預約、客製化系統功能等。

目前台灣和營運管理與系統整合有關的個股為中興電（1513）、

純電動車中，特斯拉銷售排名第一
——電動車銷售排名

銷售排名	純電動車（BEV）		插電式混合動力車（PHEV）	
	品牌名稱	市占率（%）	品牌名稱	市占率（%）
1	特斯拉（Tesla）	16.0	比亞迪（BYD）	39.1
2	比亞迪（BYD）	12.1	賓士（Mercedes-Benz）	6.7
3	上汽通用五菱（SGMW）	7.4	寶馬（BMW）	5.9
4	福斯（Volkswagen）	4.3	福斯（Volkswagen）	4.2
5	廣汽埃安（GAC Aion）	3.9	傲圖（AITO）	3.9

註：1. 以品牌為統計基礎，部分數據為估計值；2. 資料時間為 2022.Q3
資料來源：集邦科技（TrendForce）

華城（1519）、遠傳（4904）、北基（8927）、裕隆（2201）旗下的裕電能源、宏碁（2353）旗下的宏碁智通、泓德能源（6873）旗下的星舟快充等。

電動車製造商》目前台廠數量相對較少

電動車製造商包含電動大客車製造商、電動汽車製造商、電動機車製造商及電動自行車製造商等，此處以電動汽車製造商為主。目前全世界的電動汽車製造商，新創車廠以美國特斯拉、中國比亞迪（BYD）和蔚來汽車（NIO）為主，傳統車廠以德國福斯（Volkswagen）、豐田（Toyota）等為主，台灣廠商相對較少，目前最知名的是裕隆（2201）。

截至 2022 年第 3 季止，根據研調機構 TrendForce 的資料顯示，「純電動車」（Battery Electric Vehicle，BEV）銷售排名前 3 名為特斯拉、比亞迪和上汽通用五菱（SGMW）；「插電式混合動力車」（Plug-in Hybrid Electric Vehicle，PHEV）銷售前 3 名則為比亞迪、賓士（Mercedes-Benz）和寶馬（BMW）（詳見表 3）。

里程焦慮是推行電動車的一大障礙

里程焦慮（Range anxiety）是指車主或駕車人擔憂車輛沒有足夠的續航力，致使其無法抵達目的地的一種焦慮心理，主要發生在純電動車上，被認為是大規模推行電動車的一大障礙。

白話來說，里程焦慮就是電動車的車主，擔心車開到一半就沒電，附近又沒有充電站可充電，或者需要花費許多時間才能充飽電，有可能會讓車子拋錨在半路的情況。

若想降低電動車駕駛的里程焦慮，最好的方式就是增加電動車駕駛對於電池電量的「安全感」，例如提升電動車電池的容量、發展換電技術，或是多設置充電站和充電樁等。

3-4 從新創、傳統車廠之爭 掌握電動車現況與趨勢

根據國際能源署（IEA）統計的數據來看，2021 年美國、中國、歐洲電動車占新銷售車輛的比重，分別落在 4.6%、16%、17%，全球則已來到 8.6%！從圖 1 中可以看到中國、歐洲電動車滲透率明顯領先全球，成長速度亦十分快速，讓美國也開始極力快速追趕。

在主要國家都大力發展電動車下，研調機構 TrendForce 預估 2022 年電動車占全球汽車的出貨量可達雙位數以上，代表整個電動車行業正到達質變的時間點，不僅投入大量資源的新創業者（如：特斯拉（Tesla））能見度大增，許多傳統車廠如豐田（Toyota）、福特（Ford）等也被迫加大電動車的研發力度，使得整個產業備受關注，衍生不少投資機會。此外，隨著消費性電子廠商打入電動車產業，也迎來翻天覆地的變化，除了廠商的生產結構有所轉變，軟硬整合的實力愈趨重要，智慧座艙的概念也被提出，未來電動車將可能變成一台大手機！而供應鏈正磨刀霍霍準備把握這波商機。

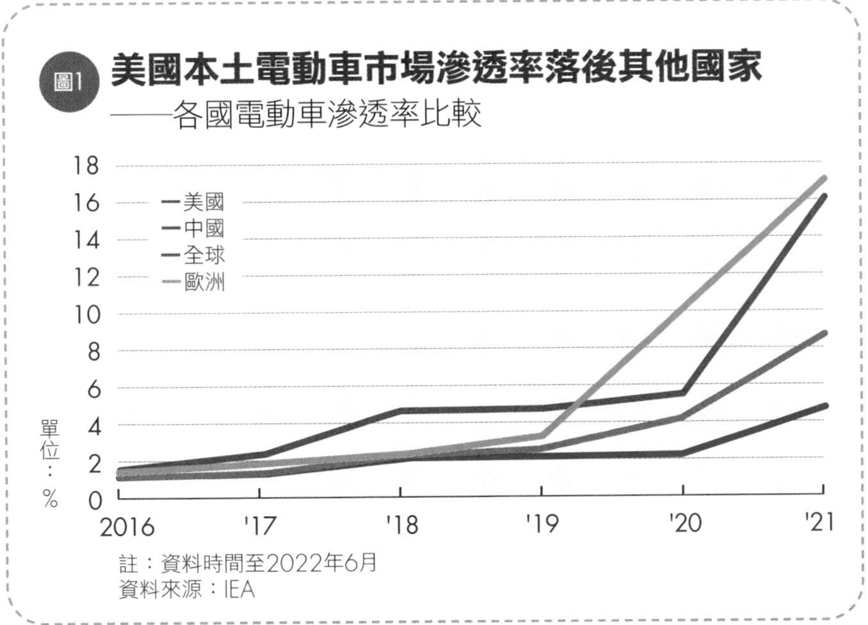

註：資料時間至2022年6月
資料來源：IEA

目前電動車廠可分為2類

觀察目前的電動車品牌，廠商主要可分為 2 類，一類是新創電動車廠，如特斯拉、中國電動車 3 雄（蔚來汽車（NIO）、小鵬汽車（XPeng）、理想汽車（Li Auto）），另外科技業者如：蘋果（Apple）、Google、亞馬遜（Amazon）等，也磨拳擦掌與車廠合作，甚至打造自己的電動車品牌。另一類則屬於傳統汽車大廠，如：福斯（Volkswagen）、寶馬（BMW）、福特、豐田、雷諾（Renault）等。

進一步分析 2 類廠商的優劣勢，新創電動車廠最大的優勢是沒有燃油車部門的包袱，可以集中全力發展電動車，不少公司更具有非常強勁的軟體實力，且由於公司營收多全數來自電動車，獲利成長動能更為強勁，故股票上市後往往也享有更高的估值，是資本市場追捧的對象。

而傳統車廠由於營收多來自燃油車，一方面要維持燃油車的市場，另一方面則需在電動車領域開疆闢土，勢必要花費較多心力在內部整合，轉型的速度也較慢。不過，這類型廠商仍有其優勢，除了公司本身暨有的銷售通路，最重要的是製車的供應鏈與工藝發展得非常成熟，普遍強大的現金流更使其成為電動車產業的強力競爭者。

新創電動車廠》由特斯拉開啟戰國時代

說到新創電動車廠，若舉實例作為講解，新創業者中最知名的業者莫過於特斯拉，特斯拉在 2003 年由馬丁・艾伯哈德（Martin Eberhard）、馬克・塔彭寧（Marc Tarpenning）創立，現任執行長伊隆・馬斯克（Elon Musk）則在 2004 年以 A 輪投資人身分加入該公司成為董事長，並且在當時僱用鋰電池專家，使團隊的雛形更加完整，也開始鎖定高階小眾電動跑車市場研發。

當時，特斯拉之所以鎖定電動跑車，主要的理由是，汽車是資本密集與技術密集的行業，新創業者初期幾乎注定虧錢，而既然必定會虧錢，不如「用一台高性能的電動車，扭轉市場人們對電動車里程短、性能差的認知」，因此研發電動車自然而然成為特斯拉的唯一選項，公司也順利在 2006 年以蓮花跑車為基礎，製造了電動跑車 Roadster。

不過可想而知，在當時電動車需求還不高的環境中，Roadster 帶來的經濟效益並不大，所以 2008 年金融海嘯爆發後，特斯拉營運也瀕臨絕境，馬斯克當年兼任 CEO 救火，就決定自掏腰包 7,000 萬美元支撐公司營運。所幸這樣的情況沒有延續太久，到了 2009 年，特斯拉就漸漸迎來轉機。當年除了有戴姆勒（Daimler）入股特斯拉 10% 股份，再加上美國能源部也給予先進技術汽車製造貸款、稅務減免，直接解決了資金的燃眉之急。

到了 2010 年，特斯拉更是幸運。首先豐田以 5,000 萬美元注資，換取特斯拉 3% 股份，讓特斯拉得以跟這些傳統汽車領域的佼佼者學習車廠的生產、管理技術。特斯拉並趁勢登錄那斯達克（NASDAQ）市場，總計募集了 2 億 2,600 萬美元。靠著與資深業者交流，再加上充沛的資金到位，讓特斯拉成功為後續營運打下堅實的基礎，也進一步瞄準更大眾的市場，接著便開發了 Model S 車款。

據悉，Model S 從 2009 年就推出，但實際上在 2012 年才交貨，當時售價訂在 5 萬 7,400 美元～ 8 萬 7,400 美元（約合新台幣 178 萬元～ 271 萬元）左右，雖然公司定位在高端電動車，但價格較接近一般汽車，因此也得以在基礎建設還不完善的年代，以較低廉的售價較讓民眾接受。隨後，這輛車於 2013 年大放異彩，在美國中大型豪華轎車市場的市占率超過賓士（Mercedes-Benz）、BMW 等品牌，品牌的含金量也愈來愈高。

在 Model S 取得成功後，特斯拉又乘勝追擊豪華車輛市場，在 2012 年推出的運動休旅車（SUV）車款 Model X，成功在 2015 年交車，同樣取得不錯的成果，讓全世界對電動車的落地與實現愈來愈有信心，行業熱潮也就此被引發。更值得一提的是，在高端產品打出口碑後，特斯拉於 2016 年起，還開始發布更低價的產品 Model 3。

這輛於 2016 年公布、2017 年底交車的 Model 3，可說是電動車行業的里程碑，標準版定價 3 萬 5,000 美元（約合新台幣 108 萬元）以內，讓電動車的普及更具有想像空間，也真正開啟電動車的戰國時代。在這之後，公司又在 2019 年推出 Model Y。目前特斯拉已成為全球數一數二的新創電動車業者，產業地位可說是領先同業（詳見表 1）。

表1 特斯拉為全球銷量數一數二的新創電動車業者——2022年上半年全球電動車銷量排行榜

排名	業者	2022 年上半年電動車銷量（萬輛）	2021 年上半年電動車銷量（萬輛）	年增率（%）
1	比亞迪（BYD）	64.7	15.3	323
2	特斯拉（Tesla）	57.5	37.9	52
3	上海汽車（SAIC Motor）	37.0	28.5	30
4	福斯（Volkswagen）	31.6	33.5	-6
5	現代起亞（Hyundai Kia）	24.8	14.1	75
6	吉利汽車（Geely）	23.3	12.2	92
7	斯泰蘭蒂斯（Stellantis）	22.8	15.6	46
8	雷諾日產（Renault-Nissan）	19.1	13.5	41
9	寶馬（BMW）	16.9	13.5	9
10	戴姆勒（Daimler）	12.7	13.0	-2

資料來源：法人

傳統車廠》內部爭議大但發展有望後來居上

在特斯拉開啟戰國時代後，不僅各傳統車廠紛紛願意加大力道投入電動車開發，隨著各國政府強力推出電動車的相關政策（例如美國加州宣布 2035 年禁止銷售汽油車），更迫使所有傳統車廠大力押寶電動車，即使如對電動車持保守看法的豐田，也同樣設定 2030 年起每年要銷售 350 萬輛電動車。

儘管如此，相較於新創業者，傳統車廠還是有不少包袱，以全球汽車銷售量最多的豐田舉例，其內部對於電動車的爭論就從未停止過。豐田在 25 年前就推出油電混合車，基本上是汽車產業環保意識的先驅，不過現今它們對電動車的看法仍相對保守，打算繼續投資油電混合車，不願意全然押寶電動車。

豐田集團曾公開表示，電動車發展嚴重依賴其他國家的原材料，且目前看來全球仍缺乏支持電動車的基礎設施，強調「各界擁護電動車的程度已超過消費者需求」。另外，豐田也提到油電混合車，仍舊是市場負擔得起，不會引起里程焦慮的選擇。

從這樣的案例中，我們可以看到，傳統大廠光是解決內部的發展路線問題，就需要花費非常大的心力。此外，傳統車廠在發展電動車時，也容易以「造車」的角度思考，相較於新創業者以「自動駕駛」

的軟體角度出發，可能造成產品成果有非常大的差異，導致從現在的電動車銷量來看，呈現的結果是新創業者領先傳統業者。

不過傳統業者真的比不過新創業者嗎？法人分析，長線來看仍舊有很多變數，畢竟這些大車廠過去幾十年來在汽車的製造供應鏈花費無數心血，造車工藝普遍也有很高的水準，即便供應鏈接下來將從精密機械更往消費性電子領域偏移，但供應鏈的管理經驗仍然可以延續。但毫無疑問的是，廠商間的競爭將會愈來愈激烈，電動車的行業也會繼續快速發展。

生產結構轉變，台灣零組件產業將迎來新商機

在電動車產業快速發展下，零組件產業預期會是受惠者之一，目前汽車零組件產業也已經迎來一波新商機。

傳統汽車供應鏈》金字塔型結構

傳統汽車零組件供應鏈主要呈現金字塔型的結構，車廠會先將產品發包給 Tier 1 系統廠，系統廠再找 Tier 2 廠商生產零組件，最後 Tier 2 業者則仰賴 Tier 3 廠商提供原料（詳見圖 2）。大體上而言，Tier 1 廠商會有機會參與車廠研發與設計，話語權與毛利率高於 Tier 2 業者，多數業者也以成為 Tier 1 廠商為目標。

再以生產模式來看，汽車零組件業者又可以分為原廠委託製造代工（OEM）、原廠委託設計代工（ODM）、原廠售後維修（OES）、副廠售後維修（AM）共 4 種合作方式。其中，OEM 指的是車廠準備產品設計圖，授權給下游零件廠製造；ODM 則是零件廠直接一手包辦設計到製造等流程，兩者核心差異在於業者有無掌握零件的智慧財產權，且 ODM 業者一般也比 OEM 業者有更好的毛利率。

電動車供應鏈》扁平化結構

但財團法人車輛研究測試中心不諱言，當電動車時代來臨後，可以看到汽車的供應鏈正走向扁平化發展。以特斯拉為首，許多車廠都開始主導系統開發，不時取代 Tier 1 業者外，更會直接與 Tier 2、Tier 3 業者取貨。看好未來隨著愈來愈多的資通訊業者加入市場，電動車產業會更加扁平化發展，對擅長供應鏈管理的台灣業者帶來更多機會。

科技廠和碩（4938）的資深經理葉建宏，也在 2022 年台北國際電腦展（COMPUTEX 2022）的智慧車產業高峰論壇中提到類似觀點。他表示，比起燃油車由機械主導，電動車機械比重不高，原廠開發的軟體才是決定一台電動車使用體驗與性能的重點，未來新創電動車廠的供應鏈架構是以軟體、關鍵技術為中心，其他的關鍵零組件、次系統再圍繞著軟體，這部分除了對於在資通訊產業身經

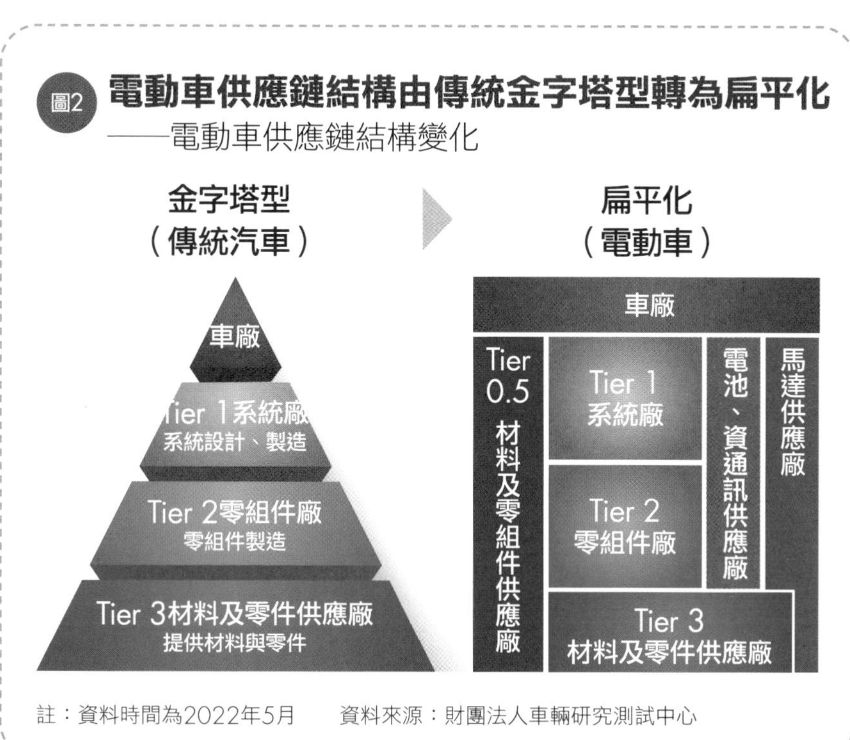

註：資料時間為2022年5月　　資料來源：財團法人車輛研究測試中心

百戰的台廠有利，另外更看好台灣在傳統燃油車已建立起成熟的機械零件技術，也會有不少優勢可繼續沿用至電動車。

事實上，對於這樣的趨勢，目前有一種說法是未來汽車行業的重心，將不在集中在汽車的性能之上；也有非常多人的看法是隨著車載娛樂、行車紀錄、導航等需求日益普及，加上人工智能、5G等

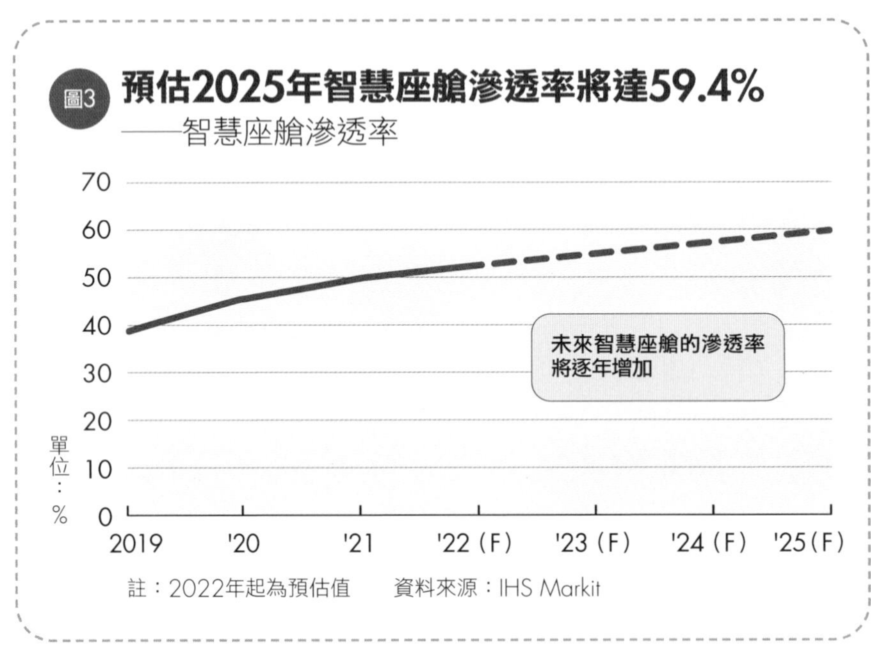

科技拓展，有朝一日原先要用手操作的汽車，可能將變成儀表控制、語音駕駛、自動駕駛。

此時汽車的功能就不僅僅是運輸，駕駛也不再單純局限於車輛操控，而是要能做到滿足駕駛、休息、娛樂、工作等多方位功能，形成所謂「智慧座艙」的概念。根據研調機構 IHS Markit 預估，2022 年全球智慧座艙市場規模為 438 億美元，2030 年將成長至 681 億美元，且智慧座艙的滲透率將在 2025 年達到 59.4%（詳

電動車將往智慧座艙發展，軟硬體整合是趨勢
——智慧座艙軟硬體變化

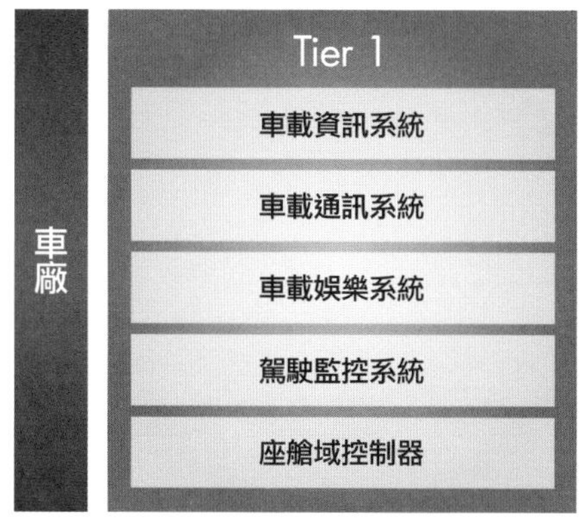

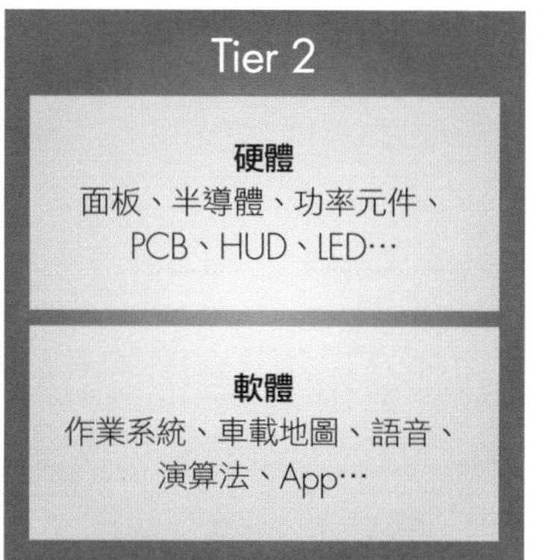

Tier 2
硬體
面板、半導體、功率元件、
PCB、HUD、LED…
軟體
作業系統、車載地圖、語音、
演算法、App…

資料來源：財團法人車輛研究測試中心

見圖 3）。

對此，財團法人車輛研究測試中心的研究資料也顯示，智慧座艙將會是未來電動車產業的發展重點（詳見圖 4）。且隨著人們對智慧座艙的要求愈來愈高，車廠也會用更先進的人車互動科技來吸引消費者，因此智慧座艙將成為重要發展概念。

以長線來看，未來智慧座艙將結合車載攝影機、導航、感測器、麥克風、AR（擴增實境）等元件來收集車輛內外的資訊，並透過 AI（人工智慧）演算法模擬車內外的環境，以增加駕駛的安全性與乘坐的舒適性，全方位提升人車互動。且液晶儀表、中控螢幕、抬頭顯示、車載娛樂等也將從高階車型走向一般車型，此類型產品將為台灣電子業者帶來更好的發展機會。

3-5 供應鏈變化帶來新商機 聚焦台廠受惠標的

回顧台灣汽車產業發展，早期國內零組件業者主要與國外車廠簽訂技術合作，生產模式多為原廠委託製造代工（OEM），後經長期練兵後，業者開始掌握設計與製造汽車零組件的能力，並漸漸增加原廠委託設計代工（ODM）產品比重，逐步躋身許多國際車廠的 Tier 1 供應商。目前，這些零組件廠商已開始接收到電動車產品的訂單，而在 3-4 中，我們也提到電動車從精密機械領域走向電子產業後，對台灣資通訊業者同樣帶來不少成長機會，市場因此頗為看好台灣電動車零組件、車用半導體、充電樁這 3 大類型產業（詳見圖 1）。

電動車時代來臨，國內3類型業者搶占先機

儘管至今為止，台灣汽車零組件產業有「國內市場小」、「欠缺汽車品牌」等難解問題，對於一些需要投入大量研發經費的核心零

圖1 **市場看好電動車供應鏈3大產業**
——電動車供應鏈3產業

充電樁	
台達電（2308）	充電管理解決方案
健和興（3003）	電動充電樁
信邦（3023）	電動充電樁

電動車零組件	
智伸科（4551）	電動車驅動系統零組件
乙盛-KY（5243）	電動車機構件
貿聯-KY（3665）	電動車電源管理線束
胡連（6279）	電池管理模組連接器
致伸（4915）	ADAS鏡頭模組

車用半導體	
台半（5425）	車用MOSFET
強茂（2481）	車用MOSFET
新唐（4919）	車用MCU
漢磊（3707）	第三代半導體
中美晶（5483）	第三代半導體

資料來源：法人

組件，也欠缺生產研發能力，但一輛國產車中，台廠的零組件自製率仍可達 70% 以上，證明台灣在汽車產業中還是有舉足輕重的地位，且不少台廠更依靠良好的工廠管理能力，已在這波電動車趨勢下掌握不少先機。

為何說台廠在電動車領域搶占先機呢？因為海外汽車零組件業者通常規模較大，其船大難調頭的特性，使得它們不願意接一些金額太小的訂單；反觀國內業者，則具有彈性生產，產品少量多樣化等優勢。因此，很多車廠在發展電動車初期，都喜歡找台廠合作，例如特斯拉（Tesla）的減速齒輪廠和大（1536），就是非常經典的案例。

據悉，和大在 2008 年金融海嘯時，受到 Tesla 邀請，提前布局油電混合車及電動車產品，儘管當時訂單仍不多，和大仍願意接單開模研發。而經過多年發展後，和大也成為 Tesla 全車系減速齒輪供應商，其營收比重有 35% 以上都來自該廠，且隨著 Tesla 在產業中地位三級跳，和大更是台股電動車零組件業者中，少數享有高本益比的個股。

事實上不僅只有和大，智伸科（4551）這類過去在燃油車供應鏈中舉足輕重的零組件廠商，隨著合作夥伴開始開發電動車，也正受惠趨勢。另外，最值得留意的是隨著電動車的動力系統從引擎轉為電池驅動，汽車也開始擴大使用各項電子零組件，例如生產連接器的胡連（6279）、貿聯-KY（3665）、乙盛-KY（5243）、車用感測器供應鏈中的致伸（4915）都備受期待。

而根據中國天風證券統計，當電動車更大量導入這些電子裝置時，每輛車使用的半導體晶片將提高到至 1,000 顆～ 2,000 顆，與傳統燃油車僅 500 顆～ 600 顆相比，有 2 倍～ 4 倍的成長。因此，研調機構 Omdia 在 2022 年 3 月發布的最新報告中，就預估 2019 年～ 2025 年車用半導體行業的年複合成長率（CAGR）將達到 12.3%，可望為國內車用半導體供應鏈的新唐（4919）、台半（5425）、強茂（2481）帶來強勁動能。

若是看至更長遠，由於電動車未來還有能源轉換效率的問題尚待解決，車用半導體行業還會進一步開發第三代半導體技術，而國內以漢磊（3707）為主體的漢民集團、中美晶（5483）等，對這類產品也布局得很早，這些都是現階段市場上非常具有想像空間的題材。

最後，除了電動車本體上的零組件以外，當未來有一天大街上的汽車都是電動車時，可想而知廣大的加油站也會全部變為充電站。對此，美國拜登（Joe Biden）政府就於 2022 年的底特律車展上，宣布將批准首波 9 億美元投資，將在美國境內 35 個州擴大設置電動車充電站，消息公布後也使得國內深耕充電管理系統解決方案的台達電（2308）、電動充電槍的健和興（3003）、信邦（3023）股價上漲，而上述這些商機現階段也持續引起市場熱烈討論。

電動車零組件》領先轉型及布局者可望得利

生產一輛汽車需要鋼鐵、塑膠、橡膠、玻璃、機械、電機、電子等各項原物料，且整個供應鏈從上游汽車零組件到中游整車，再延伸至下游進出口銷售業務，涵蓋的專業領域非常廣。因此，若一個國家能一條龍掌握上、中、下游汽車供應鏈，往往代表該國具備非常強勁的基礎工業，也是經濟實力的象徵，而台灣目前也有能力生產汽車中約 70% 以上的零組件。

以現況來看，台灣這些汽車零組件廠商，其實很早就跟著客戶一同布局電動車零組件，如同前文所述，已經陸陸續續受惠不少商機。此外，傳統燃油汽車是以「燃油引擎」作為動能，電動車則是以「電池馬達」作為動能，未來電動車時代來臨後，內燃引擎、燃料系統、進氣系統、排氣系統、點火裝置，都將改以馬達、電池、控制器、轉換器取代。而當汽車的動力系統從引擎轉型為電池驅動後，汽車將從機械工業的範疇跨入電子產業，故除了「搶先轉型的汽車零組件廠商」，「領先布局車用產品市場的電子業者」也是趨勢下的可能受惠者。

在這麼多的電動車零組件業者中，智伸科、乙盛 -KY、貿聯 -KY、胡連、致伸是目前較受國內法人關注的個股，以下也細數這些公司的題材與經營狀況：

1. 智伸科（4551）

智伸科為國內精密金屬零件生產者，產品橫跨汽車、醫療、半導體、工業、光學等產業，汽車零件則以生產汽車煞車安全系統、引擎節能系統、變速箱系統為主。法人分析，該公司為許多國際知名傳動系統大廠 Continental、Bosch、Cummins、Delphi、Borgwarner 的 OEM Tier 1 供應鏈，公司更在 2020 年併購旭伸國際後，打入 Tesla 供應鏈，在與國際大廠有深度合作關係下，長線頗有機會受惠電動車成長趨勢。

2. 乙盛 -KY（5243）

乙盛 -KY 是消費性電子機構件、模具製造、機構組裝廠，於 2009 年由鴻海（2317）入股，公司大概有 40% 營收來自汽車產品。乙盛 -KY 從 2015 年開始就打入 Tesla 供應鏈，產品包含模具、機構件等，且隨著現今鴻海在車用領域布局愈來愈深，包括與裕隆（2201）合作，乙盛 -KY 也增添不少想像空間，公司更傳出投資 1,500 萬美元，於墨西哥中北部建置新廠，預期 2023 年第 1 季將會投產。

3. 貿聯 -KY（3665）

連接器業者貿聯 -KY 無疑是消費性電子廠跨入電動車領域的先驅，過去其產品較集中於消費性電子，近年則打入通訊、工業、醫療、太陽能等領域。目前車用產品約占營收 17% 左右，主要生產 Tesla 的電源管理線束，公司近年營運穩健，是市場上頗受法人關注的電動車概念股。展望後市，由於特斯拉官方銷售量目標設定在未來幾年以 50% 以上的年複合成長率成長，這部分將成為貿聯 -KY 的長期動能。

4. 胡連（6279）

胡連為台灣第一大車用連接器製造廠，過去一直有頗為穩定的業績表現，目前胡連電動車連接器系列新產品已順利切入中國電動車大廠比亞迪（BYD）、小鵬汽車（XPeng）、蔚來汽車（NIO）及理想汽車（Li Auto）供應鏈，也打入特斯拉電池管理模組連接器，且胡連更憑著多年的車用連接器製造經驗，在電動車供應鏈的滲透率持續提高，並持續受惠客戶擴廠。

5. 致伸（4915）

致伸為電子消費品大廠，於 2017 年起以先進駕駛輔助系統切入 Tesla 供應鏈，供應前端相機、駕駛者監控系統相機模組，整車 9 顆鏡頭中，致伸就囊括了 4 顆，更於 2021 年取得 Tesla 柏林廠認

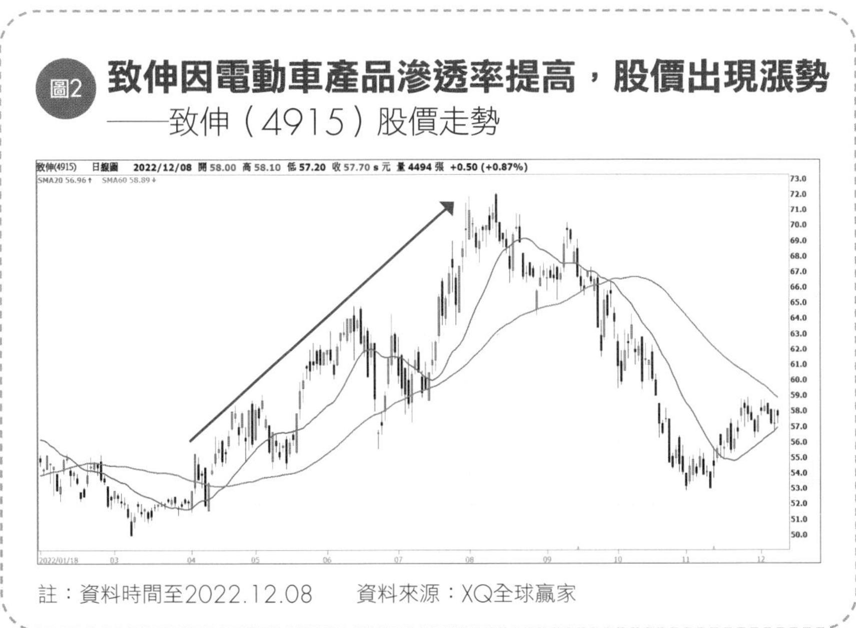

圖2 **致伸因電動車產品滲透率提高，股價出現漲勢**
——致伸（4915）股價走勢

註：資料時間至2022.12.08　　資料來源：XQ全球贏家

證，目前仍獨家供應。公司過去一段時間受惠車用產品占比不斷提高，毛利率也向上提升，受惠於電動車產業的趨勢非常明確（詳見圖 2）。

車用半導體》智慧座艙概念興起，前景可期

2022 年的消費性電子展（CES）中，不少車廠都針對智慧化、自動化 2 項趨勢，開始設計汽車內部的設備，也興起「智慧座艙」

的概念，目前全球車廠對於未來汽車產業的想像，短期內主要是透過電子裝置降低駕駛的操作難度（例如提供駕駛偵測系統、更好的人機介面），中長期則是希望當駕駛不再需要費心操控汽車，可以解放雙手操作車載娛樂產品。

無論是何種發展方向，電動車內部使用的電子產品增加已經成為趨勢，不少分析師開始戲稱汽車將變成大手機。而根據中國天風證券統計，當電動車更大量導入電子裝置時，每輛使用的半導體晶片將提高到至 1,000 顆～ 2,000 顆，與傳統燃油車僅 500 顆～ 600 顆相比，有 2 倍～ 4 倍的成長性，將為「車用半導體」產業帶來大幅成長機會，另外隨著電動車產品要解決能源轉換效率問題，「第三代半導體」供應鏈也前景可期。

究竟「車用半導體」這個讓人聽起來陌生到不行的名詞到底是什麼呢？事實上其概念並不是很複雜，基本上隨著汽車內部使用的電子產品數量大幅增加後，就好像住家使用的電器變多，需要的開關也增加。故研調機構 Omdia 於 2022 年 3 月發布的最新報告也預估，2019 年～ 2025 年車用半導體行業的年複合成長率將達到 12.3%，產業成長相當迅速。

以分類上來看，常見的車用半導體可大致分為 3 大類別，第 1 類

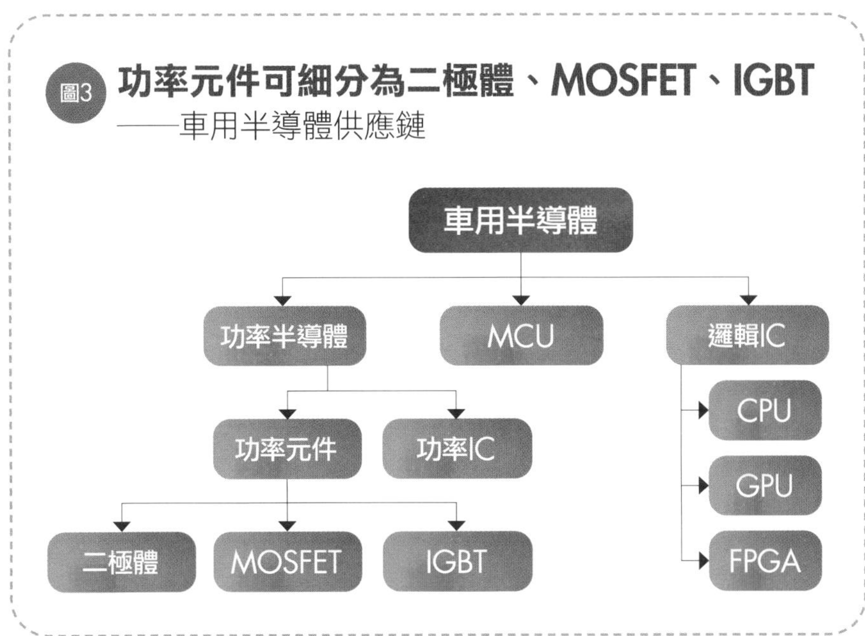

圖3 功率元件可細分為二極體、MOSFET、IGBT
——車用半導體供應鏈

別是功率半導體、第 2 大類是微控制器（MCU）、第 3 類別是各類邏輯 IC（自動駕駛）（詳見圖 3、表 1）。而功率半導體產品中的功率元件，又可以再細分為二極體、金屬氧化物半導體場效電晶體（MOSFET）、絕緣柵雙極電晶體（IGBT）。

觀察整個產業，由於打進車用產品供應鏈通常很花時間，產品開發耗時也很長，且國內早期半導體技術人才不足，對這個產業的研發起步較晚，因此使得車用邏輯 IC、MCU、功率 IC 產業的領頭羊多半為國外的整合元件製造廠（IDM），像是英飛凌（Infineon）、恩智浦（NXP）、瑞薩（Renesas）、德州儀器（Texas Instruments）、意法半導體（STMicroelectronics）、安森美（Onsemi）等。

不過好消息是，台灣業者即使在車用半導體行業無主導能力，卻仍透過替國際大廠代工等方式練兵，長期在二極體、MOSFET 供應鏈保有一定的競爭力。且近年來，更有車用半導體業者積極透過併購、策略合作等方式轉型，增加自身車用產品比重，也漸漸擴增影響力。

例如，MCU 大廠新唐在 2020 年併購松下（Panasonic）旗下的松下半導體後，就切入車用智慧放大音訊晶片、電池監控系統晶片、飛時測距（TOF）等產品；台半與合作夥伴聯電（2303）取得產能後，有消息傳出車用 MOSFET 產品正量產出貨，且成功打入美國、日本、歐洲等一線車廠；強茂則是車用二極體、車用 MOFET 出貨動能不斷成長，更有消息打入碳化矽（SiC）MOSFET 等高端產品，這些業者都頗受關注。

而另一方面，車用半導體產業真正的大商機，還有一大部分主要來源於「IGBT」、「第三代半導體」這 2 項產品。

表1 **IGBT可應用於逆變器，將交流電轉為直流電**
——車用半導體供應鏈各產品用途

產品	用途
二極體、MOSFET	主要是用在後照鏡收摺、座椅調整、散熱座椅、馬達雨刷、車窗升降等車用電子開關
IGBT	主要用於馬達、車用逆變器，目的是將日常生活中的交流電轉變為直流電
MCU	常使用在燃油噴射、點火、節氣門、冷卻、自動變速、動力轉向、安全氣囊、輔助駕駛等功能控制
邏輯 IC	負責的是運算，一般來講當車輛想要達到自動駕駛的目標時，就需要強大的運算晶片，處理各項感測器偵測到的大量數據，再判斷車子要往什麼方向行走

資料來源：法人

再更深入解析，電動車使用的是直流電，日常生活中一般插座則是提供交流電，當民眾在家中想要為電動車充電時，就需要透過功率半導體把交流電轉變為直流電，又為了充電過程要能夠快速安穩、逆變器要能承受高溫、高壓，故使用的半導體元件也要採用特殊材料，這也就造成電動車的成本中，有高達 30% ～ 50% 的部分都來自於逆變器。

在傳統的電動車逆變器解決方案中，多半採用 MOSFET 產品作為

IGBT、SiC產品適用更高電壓
——MOSFET vs. IGBT vs. SiC

項目	MOSFET	IGBT	SiC
開關頻率	高	低／中	高
傳遞延遲	低	高	低
適用電壓	650V	650V 以上	650V 以上
應用產品	一般車用電子	馬達 車用逆變器	馬達 車用逆變器

功率元件，不過隨著電動車希望能加快充電速度，逆變器短期內要承受的功率愈來愈大，不少廠商也開始導入耐受力更強的 IGBT 元件，甚至特斯拉還在 2018 年時，首開先例在 Model 3 車款導入以 SiC 材料製造的功率元件，讓第三代半導體映入我們的眼簾（詳見表 2）。

法人分析，IGBT、SiC 至今仍有成本過高的問題，但自從特斯拉在 Model 3 車款導入 SiC 後，市場就一直覺得這些新材料大量商用化的進程會提早到來，相關業者也一直嘗試突破生產技術，讓資本市場衍生出許多投資機會，像是漢磊、中美晶等，在相關技術上都有布局，2021 年就頗受資本市場關注。

研調機構 Yole Développement 也提到，在過去幾年，綠能發電、電動車產業都遇到能源轉化效率不佳的問題，綠能、工控產業為了滿足高頻、高壓、高溫、大電流、更低損耗等條件，導入第三代半導體作為材料將會是長期趨勢。此外，Yole Développement 更預期 2020 年～ 2026 年間，第三代半導體中 SiC 元件的市場規模，將從 7 億美元一口氣跳升至 41 億美元（詳見圖 4），產業年複合成長率高達 34%，功率半導體市場產值也將持續以 6.9% 的年複合成長率向上成長。

在產業趨勢發展相當明確之下，目前台灣有哪些車用半導體的個股值得關注呢？

1. 台半（5425）

台半為國內二極體、MOSFET 廠商，近年投注大量資源往工業控制、車用產品轉型，2019 年聯電更參與台半私募，與之共同開發車用 MOSFET。如今成果漸漸顯現，台半 2022 年上半年車用產品也提高至營收 35%（2021 年僅約 30%），毛利率更來到 34%，明顯優於 2021 年同期表現。

展望後市，公司除提到與聯電共同開發的 40V MOSFET，已於 2022 年第 4 季開始量產出貨，也提到車用 MOSFET 產品順利打入德國車用一級零組件大廠供應鏈，另外還有歐系、日系大廠也有望在 2023 年通過認證，後續公司更打算挑戰 80V、100V 等車用 MOSFET 產品。

2. 強茂（2481）

強茂為二極體、MOSFET 業者，具有自己的磊晶、晶圓代工廠，具備上下游整合優勢，雖然公司在全球二極體業者規模中只排到第 19 名，但在大中華區域規模排名第 1，在亞洲地區有一定產業地位，近年公司也積極開發高功率元件，切入車用、工控應用市場，企圖擺脱消費品紅海市場競爭，公司更預計於 2022 年年底前量產車用低壓、中壓 MOSFET 產品。

3. 新唐（4919）

新唐為國內 MCU 業者，且擁有自家晶圓廠，公司在 2020 年併購松下旗下的松下半導體後，就切入車用智慧放大音訊晶片、電池監控系統晶片、飛時測距等產品，而根據新唐於 2022 年第 2 季的法説會內容，公司提到目前車用、工控產品占據營收已來到 40%，相關產品線的成長力度也明顯優於其他類別。

4. 漢磊（3707）

漢磊主要從事磊晶（晶圓代工原料）生產、晶圓代工等業務，雖然在過去幾年，公司獲利狀況不佳，但旗下嘉晶（3016）為國內唯一能量產氮化鎵（GaN）磊晶與 SiC 磊晶的供應商，也具備替 GaN、SiC 產品晶圓代工的能力，因此可在第三代半導體領域領先布局。

根據法人分析，目前漢磊已能提供 6 吋 SiC、6 吋 GaN 產品，貢獻已占營收達 30% 左右。且從財報來看，公司 2022 年上半年開始有實質獲利，每股盈餘（EPS）達到 1.33 元，營運展望頗具想像空間。

5. 中美晶（5483）

中美晶則為控股公司，旗下環球晶（6488）本來就是全球矽晶圓產業中前 3 大市占率的業者，目前持續耕耘第三代半導體產品，董事長徐秀蘭曾公開表示，要將環球晶定位在材料供應商，並將投入長晶爐自製，公司對第三代半導體布局的計畫相當完整。

法人分析，中美晶為發展第三代半導體，除了轉投資持續開發 GaN 產品的砷化鎵晶圓代工廠宏捷科（8086），旗下的朋程（8255）也是全球最大的車用二極體供應商，如果未來公司能順利整合，則上游由環球晶提供關鍵原料 SiC 基板、中游由宏捷科加工、下游由朋程開發 SiC 模組的供應鏈正儼然成型，相當值得投資人關注。

充電樁》各國皆致力增建，以克服里程焦慮

美國能源部（DOE）去年進行了一個很有趣的調查，它們將北美市場上販售的汽油車與電動車，進行續航里程比較。結果公布後，發現電動車續航里程平均值落在 377 公里、最大值為 652 公里，汽油車數據則分別為 648 公里、1,231 公里，可以觀察到儘管電動車技術近幾年發展相當迅速，但目前車輛的續航能力仍與燃油車有差距。

這意味著什麼呢？除了未來需要更多充電站之外，若充電的速度不夠快，也會使得電動車便利程度大打折扣。所以現階段廠商除了積極投入研發電池技術，各國政府也致力於增進技術建設，希望在國內增加充電樁數量。

法人分析，以中國、美國、歐洲來看，歐盟預計要在 2030 年建置 350 萬座公共充電站、2050 年擴建至 1,630 萬座；美國則預期 2030 年要投入 75 億美元，廣設 500 萬座統一充電樁；而中國則依據 2030 年電動車與充電樁數量要達到 1：1 的目標來進行規畫，打算在近年補足 6,180 萬座充電樁缺口，三者投入的資源都相當龐大。

在各國政府積極投入之下，目前國際能源署（IEA）也預估，2030 年全球充電樁建置量將達 1 萬 5,020 座，年複合成長率可超過 30%，使得整個產業具有不輸給電動車本體零件業者的潛能（詳見圖 5）。而目前台灣也有不少廠商可望受惠相關商機，較受關注的個股資訊如下：

1. 台達電（2308）

台達電為國內電源供應器大廠，公司每年都投入營收比重的 9% 在新品研發，近年已從電子零組件製造廠漸漸跨足為節能解決方案提供者，目前已經能提供整套充電樁建置方案，能源基礎設施產品也來到整體營收比重約 5%。法人看好長線台達電充電樁規格齊全，產品可滿足快充、慢充不同場域的應用需求，再加上公司還能提供充電管理系統解決方案，產品至今已獲得不少車廠採用，成長趨勢穩健。

2. 健和興（3003）

健和興為連接器業者，頗早切入電動車充電樁商機，公司目前開發的產品包括：大電流充電連接器、各式端子、充電樁連接器、電動車用充電槍與充電座，且產品陸續通過全球標準、美國大型民間機構標準、中國標準、德國安全認證。目前主要出貨慢充充電槍，年產能可達 70 萬支充電槍，法人看好長線健和興有機會在這波基礎建設熱潮中得利。

3. 信邦（3023）

信邦為國內連接器產業資優生，產品以瞄準利基型市場為主，過去業績創下連續 10 年以上成長的超強紀錄，並且持續擴大綠能、車用產品比重，董事長王紹新也提到，信邦目前是中國蔚來汽車獨家的充電槍、充電樁線束及雷射雷達 LiDAR 線束供應商。法人看好，隨著中國廠商加大電動車產品投入力道，將能為信邦帶來長線成長動能。

註：1.2022年起為預估值；2.資料時間至2022年5月
資料來源：IEA

4. 鴻海（2317）

最後一個頗受關注的台灣電動車廠商，是過去在手機產業風生水起的鴻海。大體上來講，手機產業近年步入高原期，鴻海也出現成長趨緩的疲態，集團目前決心將觸角延伸至電動車產業，並成立電動車開放平台 MIH（Mobility in Harmony），董事長劉揚偉更喊出營運願景：預估 2025 年～ 2027 年全球 3,000 萬輛電動車中，要有 10% 以上的電動車使用 MIH 平台，並讓電動車產品成為鴻海的新成長動能。

法人分析，鴻海目前發展電動車的戰略主要有 2 個：第 1 個是委託設計製造服務（CDMS）、第 2 個為營運本地化（BOL）；產品的 4 大面向則為零組件、平台、軟體、整車研發代工。而 MIH 與 CDMS 的營運概念，其意義上類似於把過去手機流水線的生產模式套用到汽車產業。未來，鴻海更打算將 MIH 平台上的所有規格、參數，以及軟體等開發成果開放給合作夥伴運用，讓各家車廠能夠在 MIH 現有資訊的基礎上，以最低代價與最短時間，開發出需要的車型。

事實上，MIH 平台的商業模式已經逐漸成型。回顧鴻海的營運路徑，首先公司於 2020 年與裕隆共同持股成立鴻華先進，並開始籌組電動車開放平台 MIH。隨後鴻華先進在 2021 年公布 Model C 車型，2022 年裕隆旗下納智捷便以 Model C 車型為主體，打造出 n7 車款。累計至 2022 年 11 月中旬，納智捷 n7 光是預售就收了 2 萬 5,000 張訂單，這樣的數量已超過過去 3 年全台電動車銷售總量，聲勢頗為浩大，也帶動裕隆股價一路狂飆（詳見圖 6）。

據悉，納智捷的這款 n7 車型，除了主打「5 ＋ 2 人座的大車室空間」、「媲美超跑等級的零百加速 3.8 秒高性能」、「超過 700 公里的超長續航力」等特色，最驚奇的是價格竟然在 100 萬元以內，明顯低於其他廠商的電動車。鴻海也提到，透過 MIH 平台合作生產

圖6 n7車款訂單告捷，裕隆股價跟著水漲船高
——裕隆（2201）股價走勢圖

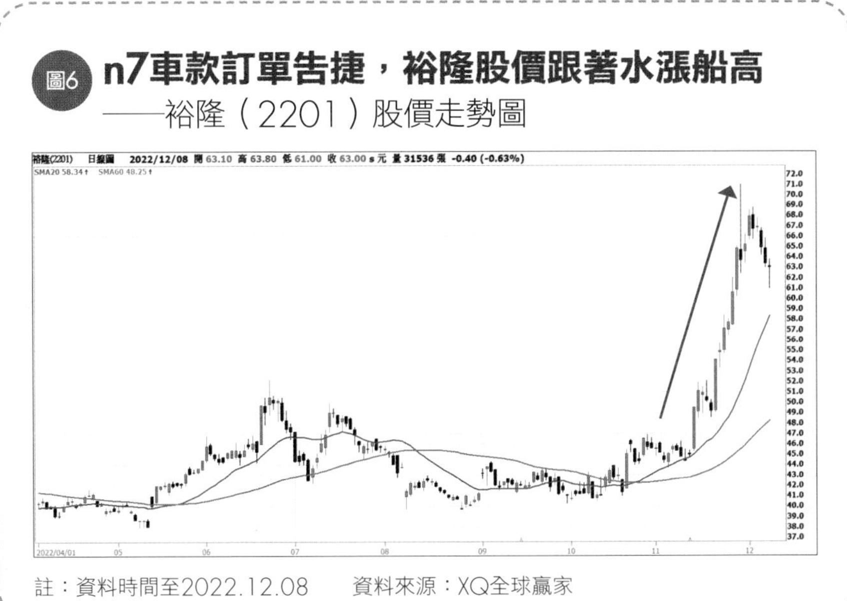

註：資料時間至2022.12.08　　資料來源：XQ全球贏家

的模式，Model C 的量產時程僅需傳統車型的一半時間，成本則可壓縮 20% ～ 30%。這次的合作案，不僅讓資本市場對於電動車的生產模式改變有了更多想像，對鴻海、裕隆而言，更具有跨時代的象徵意義。

不僅如此，鴻海目前也決心在美國打造自己的整車廠，並且於 2021 年斥資 2 億 3,000 萬美元（約合新台幣 71 億 2,300 萬元）收購美國電動車 Lordstown Motors 整車廠。而這個收購的車廠，預期將是鴻海在美國電動車製造業布局的起點。甚至加州的新創車廠 Fisker，也決定放棄與福斯（Volkswagen）電動車平台 MEB，以及歐洲專業整車廠 Magna International 的合作，轉而結盟鴻家軍開發新車，這些案例都印證鴻海企圖成為「電動車平台」的決心。

另外，鴻海在 2022 年還做了一件震撼業界的決定，那就是延攬前台積電（2330）營運長蔣尚義擔任「鴻海半導體策略長」，郭台銘在接受媒體採訪的時候也解釋，鴻海旗下有 8 吋晶圓廠，未來透過蔣尚義的經驗，希望能在下一代材料、新一代製程以及新一代封裝技術布局，並更加著重於汽車市場，而此舉也將增添鴻海 MIH 平台的可發揮空間。

3-6 電動車戰場百家爭鳴 放眼海外市場焦點

自從美國電動車大廠特斯拉（Tesla），以「自動駕駛」系統（詳見 2-3）帶起這波堪稱百年一次的交通革命，也正式開啟了全球「大電動車時代」的序幕。

對全球工業大國而言，汽車工業一直是世界各國的兵家必爭之地，最主要的原因不外乎就是汽車工業產值高，是不少工業國家的經濟重要支柱，再加上車輛是當今人類最重要、也是最普及的交通工具之一，與人們的生活息息相關。換句話說，整個汽車產業就像是一頭巨獸，背後有著龐雜的生態體系，除了能創造出無數的就業機會外，更能帶來難以想像的經濟產值與巨大商機。

先前我們已在 2-1 中提及人類的汽車簡史，包含蒸汽車、電動車，以及燃油車這 3 大類型。而真正揭開了燃油車黃金時代序幕的，則是美國福特（Ford）汽車，由該品牌將汽車模組化、規模化地量產

「Model T」開始。過去的美國曾經是全球汽車的工業大國，不過隨著歐洲如德國、法國、義大利，亞洲如日本、韓國等許多國家都陸續在汽車工業裡嶄露頭角，不少國際汽車大廠也都在此階段奠定品牌價值。

而這場電動車帶來的移動新革命，並不是只有電動車取代燃油車這麼簡單！這背後代表的是全球汽車工業角色的重新分配、大洗牌！電動車無疑是一塊全新的市場，因此不論是傳統車廠還是新創企業，都不約而同地角逐電動車這塊大餅，也開啟了一個嶄新的電動車戰國時代。

當過去燃油車時代的遊戲規則被改變、即將迎來電動車新時代之際，也代表著，當一家企業能取得先機，占有產業的一席之地，未來就能有更多的產業話語權，如同市場上流傳的一句話：「一流的企業做『標準』，二流的企業做『品牌』，三流的企業做『產品』。」頂尖的企業專門制定標準（遊戲規則）讓別人遵守，或是以自己的標準作為新標準；其次是做品牌；最末端者則是生產製造產品，其經濟產值通常是三者中最低（詳見圖 1）。

正因如此，除了環保上的考量，以及欲減少對石油依賴的原因之外，各國政府和企業無不積極發展電動車，欲奪得電動車產業先機。

同時，也有為數不少的新創車廠或企業不斷成長、崛起，其中最具代表性的無非是美國的特斯拉、Nikola 及 Canoo 等新創車廠；中國的新創車廠則有所謂的電動車三雄——蔚來汽車（NIO）、小鵬汽車（XPeng）和理想汽車（Li Auto）。總而言之，這些新創企業皆挾新興技術而來，挑戰當今傳統燃油車霸主的地位，使得燃油車大廠不得不積極轉型，轉而擁抱電動車。

以下將針對全球最重要的兩大市場——中國與美國，分別說明它們在全球電動車發展中，所具有的關鍵性角色與地位，以及各自有哪些代表性的企業。

中國》具3優勢，為目前全球最大的電動車市場

若論及傳統燃油車的造車工藝與技術等方面，中國和歐美的傳統汽車大廠相比，恐還有段不小的差距；但若是換成「電動車」這項嶄新的領域，則可能將是另一種相反的情況。此外，電動車也是中國車廠在汽車產業唯一可以彎道超車的領域。

過去歐美作為全球汽車工業中最重要市場與生產重鎮的地位，正在迅速改變、重新洗牌，最主要的關鍵就是中國電動車產業的崛起。以往中國便以便宜的勞動力、廣大的工廠腹地、政策等利多因素，

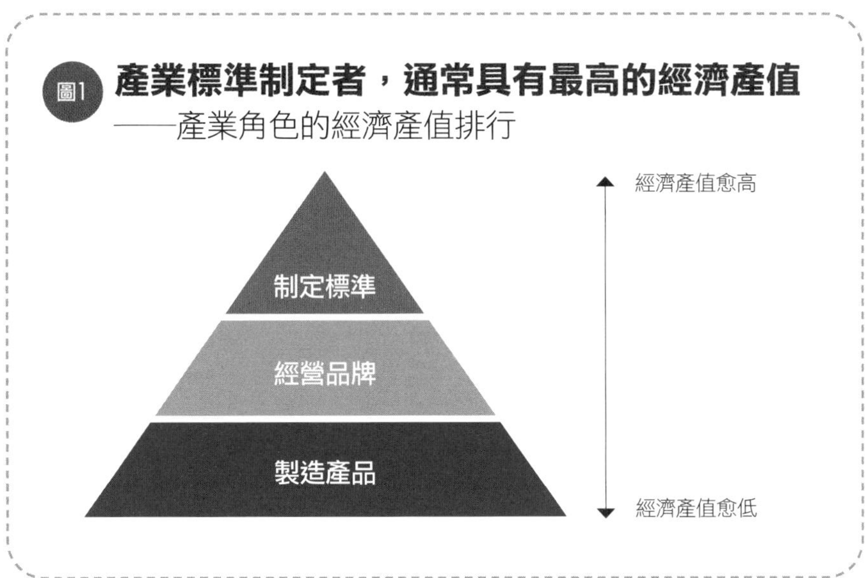

吸引世界各地的外資流入與產業進駐，中國製造業也因而迅速崛起。

優勢 1》獲得政府支持

值得一提的是，中國在這波全球化的電動車潮流中起步甚早，在 2010 年左右，中國就將「新能源車」（詳見名詞解釋）列為國家戰略的新興產業之一，此後再加上政府政策的強力推廣與扶植，成就了今日的電動車大國（詳見圖 2）。同時，中國目前除了擁有最大的電動車市場外，由中國企業所生產製造的電動車數量同樣也不容小覷，中國儼然已成為全球電動車的「世界工廠」。

優勢 2》市場規模大

中國電動車在政府大力推動下快速發展，其規模早已超過其他國家的總和。根據國際能源署（IEA）的《全球電動車展望報告》（Global EV Outlook 2022）中，全球電動車銷售數量持續飆漲，2021 年全年度銷售總數約為 660 萬輛，年增 109%，全球電動車累計存量約為 1,650 萬輛。而在整個電動車市場裡，以中國市場最大，光是中國一個國家就占了全球電動車總銷量的一半，高達 320 萬輛之多，較 2020 年大增 200 萬輛。

目前中國電動車滲透率約已來到 16%，相當於每 100 台車輛中，就有 16 輛屬於電動車。相較之下，目前美國電動車銷量則落後於中國和歐洲等市場。

如果只看一家研調機構的調查報告，或多或少可能會有失公允，但觀察另一家研調機構 Canalys 的統計，不約而同地也顯示出——中國就是目前全球最大的電動車市場這項事實，其次是歐洲，美國

名詞解釋

新能源車

電動車又可稱為「新能源車」，包括純電動車（BEV），混合動力車輛（HEV、PHEV、REEV）以及燃料電池電動車（FCEV），詳細內容請參閱 2-2 之介紹。

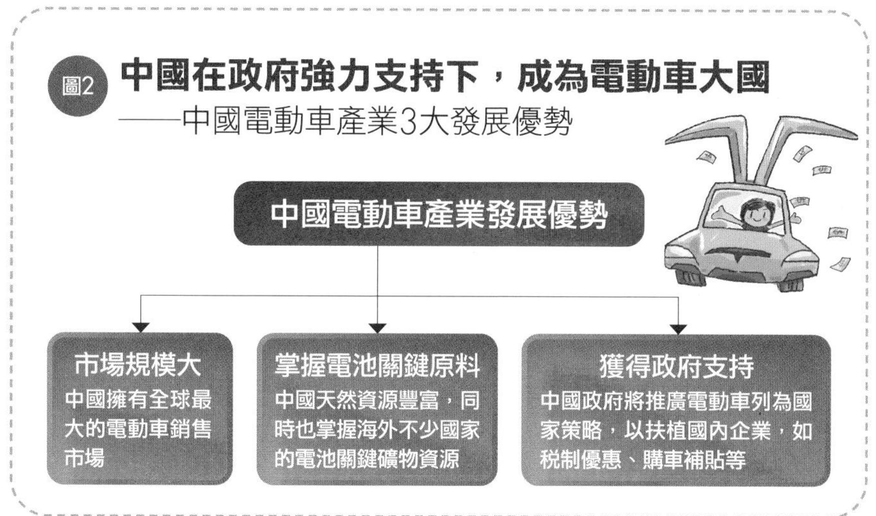

市場則位居第 3（詳見圖 3）。

中國占據全球半數的電動車市場，此一現象也引來當今全球首富、特斯拉執行長伊隆·馬斯克（Elon Musk）的關注，2022 年 5 月時，他便於社群媒體上發文表示：「中國在電動車和可再生能源發電方面處於世界領先地位，不論你如何看待中國，這都是事實。」此番言論的目的，除了可能是想攻占全球最大的電動車市場這塊大餅，也等於承認了中國在電動車領域的實力。而當前正快速崛起的多家中國電動車企業，未來也將會是馬斯克在全球電動車大業裡最大的勁敵。

優勢 3》掌握電池關鍵原料

另外，中國在發展電動車產業，除了擁有市場規模大、獲得政府支持等優勢外，還有一項優勢，就是天然資源，尤其是電動車電池的關鍵礦物，如鋰、銅、鈷、石墨、稀土等。中國除了本身就有出產部分礦物，同時也在海外礦場布局，例如在南非、印尼、澳洲、阿根廷等地的礦場開採或是營運權等。IEA 於 2022 年 5 月的《全球電動車展望報告》也顯示，稀土、鋰、銅和鈷等關鍵礦物，目前全球約有 85% 的礦產來源為中國所掌控，非常驚人！

或許你可能會感到疑惑，為什麼掌握電動車原料如此重要？以電動車產業來說，電池猶如車子的心臟，也就是說，電池是車子中最基礎、最核心的元件，即便其他系統或功能做得再好、再完美（如車聯網、自駕系統等），但若是沒有最基本的電池提供電能讓馬達運轉，車輛就無法行駛。而除了功能面以外，電池的角色在經濟面也是一大重點，因為電動車的電池占整車總成本高達 30% ～ 40% 左右，一般來說，生產電動車電池，會比整車製造的獲利空間來得更大！

多家企業快速崛起，足見布局電動車市之野心

在了解中國在全球電動車的產業地位與重要性後，緊接而來的是，

圖3 **中國為目前全球最大的電動車市場**
——2021年全球電動車銷售比重概況

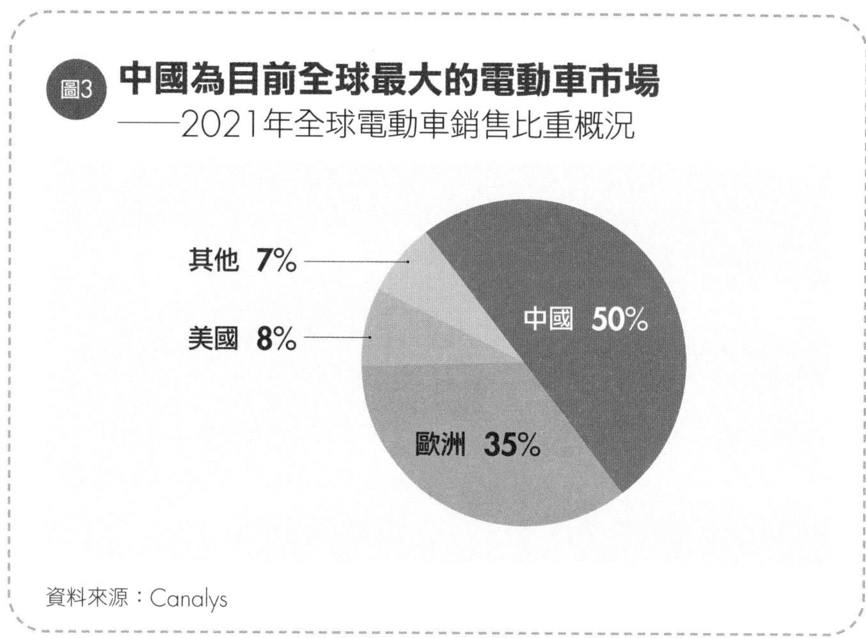

資料來源：Canalys

在這波電動車浪潮中，有哪些具有代表性的核心企業？

全球動力電池王者》寧德時代（CATL）

在 2-1，我們有提到在過去電動車發展過程中，主要面臨 3 大屏障而陷入停滯期，其中一項屏障就是「電池」。試想，當電池體積愈來愈小、重量也愈做愈輕巧，但是每單位的電池能量卻大幅提高，勢必會將電動車產業再往前推上另一個高峰。換句話說，當電動車的電池模組不再占據車體大量空間，更輕巧的電池將讓車體更輕，減少能源耗損；更高的能量密度則能讓車子跑得更遠，續航表現更佳；另外還有充電技術，若想用極短的充電時間，就能讓電動車擁有上百公里的續航表現，要做到這些，都和「電池技術」有很大的關係。

因此，不論是成本上還是技術上的考量，電池在電動車裡的重要性不言而喻，故市場也流傳著「得電池者得天下」這樣的一句話。

既然提到了電池，就絕對不能忽略這家企業，它就是寧德時代，是中國一家成立於 2011 年、專門從事新能源車輛的電池與儲能技術開發的公司，主要業務項目包含電池原材料、電氣儲能技術、新能源車輛的電池系統等。現在就來看看，為什麼寧德時代在全球電動車產業裡如此重要？非得提它不可？

依中國市場學會數據統計，在 2021 年度全球動力電池市占排行中，中國的寧德時代以 32.6% 的比重位居全球之冠；其次則是南韓的 LG 新能源（LG Energy Solution），市占率 20.3%；日本的松下（Panasonic）則以 12.2% 市占率位居第 3（詳見表 1）。

觀察其他研調機構的數據，雖在數值統計上略有差異，但整體來說差異不算太大。據 Adamas Intelligence 統計，2021 年全球電

寧德時代全球市占率逾30%，位居全球第一
——2021年全球動力電池市占排行

排名	企業	所屬國家	年度市占率（%）
1	寧德時代	中國	32.6
2	LG 新能源	韓國	20.3
3	松下	日本	12.2
4	比亞迪	中國	8.8
5	SK On	南韓	5.6
6	三星 SDI	南韓	4.5
7	中創新航	中國	2.7
8	國軒高科	中國	1.4
9	遠景動力	中國	1.0
10	蜂巢能源	中國	8.8

資料來源：中國市場學會

池製造商的市占排行前 3 名依舊是中國的寧德時代、南韓的 LG 新能源，以及日本的松下，各自的市占比重約為 30.7%、22.2% 和 14.5%。同時，寧德時代也是全球電動車大廠特斯拉的主要電池供應商之一。

從兩家機構所做的統計中，都不難看出寧德時代在全球電動車電池市場中擁有極高的電池市占率，高達 30% 之多！且從表 1 中，也能察覺到中國在電動車產業的布局與野心，在電池市占排行前 10 名中，中國企業就高達 6 檔之多，非常驚人！

全球電動車銷量亞軍》比亞迪（BYD）

比亞迪成立於 1995 年，創始人為王傳福，美股代碼為 BYDDY。最初以生產電池為主要業務，2003 年收購西安秦川汽車，正式進入汽車產業。現在最主要的事業群為電池製造及汽車製造（包括新能源車和傳統燃油車），是中國最大的新能源汽車製造商和手機代工廠之一，其他如手機零件及組裝、太陽能、半導體、城市軌道交通等也都是業務範圍，集團事業體極為龐大，在全球各地如北美、歐洲等國家也有布局據點，像是研發中心、製造工廠、銷售市場等。

在 2021 年全球電動車出貨量排行榜中，從表 2 可以看到全球電動車出貨量之冠為全球電動車龍頭特斯拉，其次則為比亞迪，以接近 60 萬輛的數字位居電動車的出貨量二哥，不容小覷。同時也能觀察到，在 2021 年前 10 大交付車輛數排行榜的車廠中，清一色以中國新創車廠，以及積極轉型的德系傳統車廠居多。

造車新勢力三雄》蔚小理

接著我們來看看另外 3 家中國企業，在電動車世界裡有著「造車

比亞迪為2021年全球電動車出貨量亞軍
——2021年全球10大電動車廠出貨量

排名	企業	所屬國家	出貨量（萬輛）
1	特斯拉（Tesla）	美國	93.6
2	比亞迪（BYD）	中國	59.3
3	上汽通用五菱（SGMW）	中國	45.6
4	福斯（Volkswagen）	德國	31.9
5	寶馬（BMW）	德國	27.6
6	賓士（Mercedes-Benz）	德國	22.8
7	上海汽車（SAIC Motor）	中國	22.6
8	富豪（Volvo）	中國	18.9
9	奧迪（Audi）	德國	17.1
10	現代汽車（Hyundai Motor）	韓國	15.9

註：富豪汽車原為瑞典汽車品牌，後由中國企業取得品牌經營權，現為中國吉利汽車旗下公司
資料來源：Statista

新勢力」美譽的電動車三雄——「蔚小理」。

如前文所述，中國在這波電動車全球化浪潮裡起步甚早，且不遺餘力地發展。而隨著相關技術不斷創新、精進（尤其是電池技術），各種新創企業也如雨後春筍般問世，尤其是近 10 年來，中國境內誕生的相關企業可說是不勝枚舉，同時打著「特斯拉殺手」頭銜的新創企業也不在少數。不過以當前的整體情況來看，中國有 3 家電動車的新創車廠不容小覷，它們就是被稱為「造車新勢力」或「電動車三雄」的「蔚小理」，分別是蔚來汽車、小鵬汽車與理想汽車。

1. 蔚來汽車（NIO）

蔚來汽車於 2014 年成立於中國上海，創始人為李斌，他曾被《富比士》稱為中國版的伊隆・馬斯克。2018 年於美國紐約證交所（NYSE）上市，美股代碼為 NIO。是一家專門製造電動智能車的新創車廠，同時也從事電動車的設計和開發，近年來更開始著重在 AI（人工智慧）、自駕系統和車聯網科技上。銷售市場除了中國外，在其他國家，如歐洲的德國、荷蘭、丹麥和瑞典，以及英國、美國等都有據點。

2. 小鵬汽車（XPeng）

小鵬汽車的品牌名稱源自於創始人何小鵬的「小鵬」之名，公司創立於 2014 年，並於 2020 年 8 月於美國紐約證交所上市，美股代碼為 XPEV。除了中國市場外，和蔚來汽車一樣有在海外市場（以歐洲為主）進行布局，包括挪威、丹麥、瑞典、荷蘭等。另外，小鵬汽車除了電動車製造外，有一點和美國電動車大廠特斯拉十分雷同，就是想做到以「軟體定義汽車」這件事，也就是不只是造車廠，而是一家同時專注於技術研發的科技公司，積極發展屬於自家品牌的自駕系統，頗有和特斯拉較勁的意味。同時，車聯網也是小鵬汽車的發展重心。

3. 理想汽車（Li Auto）

理想汽車於 2015 年創立於中國北京，執行長為創始人李想，於 2015 年 4 月正式運營，是一家專門生產中大型運動休旅車（SUV）的電動汽車公司，主打車輛兼具「豪華」與「電能環保」的特色，生產類型為增程型電動車（EREV），並於 2020 年那斯達克股票交易所（NASDAQ）掛牌上市，美股代碼為 Li。

美國》推2政策，正如火如荼發展電動車產業

既然提到電動車市場，當然絕對不能少了美國這個核心要角。雖然美國國內的電動車需求市場目前低於中國和歐洲，但美國仍舊是當今世界最大的經濟體，施行任何政策的一舉一動都會牽動國際市場，再加上帶起這波全球電動車趨勢的主角——特斯拉，也正是美國企業。

前文中提到，過去的美國雖為傳統燃油車的工業大國，不過相較於中國和歐洲（尤其是中國，早在 2010 年左右，就將新能源車列

為重要的國策以及關鍵發展目標），美國政府在電動車領域上的「覺醒」、重視，在時間上來說晚了一些。有鑑於此，近年來的美國也正如火如荼地加緊發展電動車事業。

2022 年 8 月，美國政府推出 2 項新政策，被視為是電動車產業成長的大利多（詳見圖 4）。新政策如下：

政策 1》通過《通膨削減法案》

2022 年 8 月，美國參議院通過了《通膨削減法案》（Inflation Reduction Act），內容涵蓋氣候、醫保、稅制 3 大面向，規模高達 4,300 億美元，被視為美國史上最大規模的氣候法案，將鼓勵綠能投資，並為購買電動車、屋頂安裝太陽能板提供租稅補貼。而這項法案的目的，被認為是美國想加速建立本土產業供應鏈，並從中國手中奪回市場的龍頭地位。

這項政策上路後，外界認為有 3 類產業會直接受惠，分別是太陽能設備商、綠能電廠，以及在美生產電動車的車廠（包括積極轉型的傳統車廠）。大致上有 4 大重點：

1. 取消車廠銷量上限的補助限制

過去車廠銷售車輛時，得到的政府補助金額有數量門檻上的限

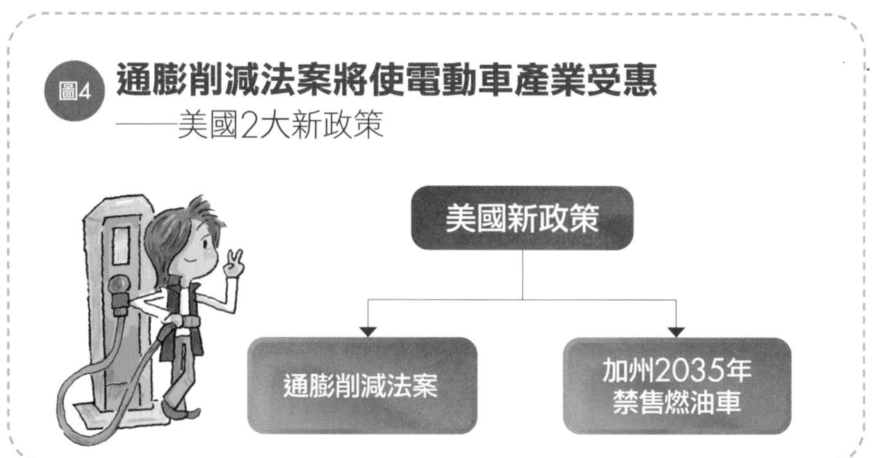

制，像是賣超過 20 萬輛的車廠，如特斯拉、通用汽車（General Motors）、豐田汽車（Toyota）等，即無法享有政府補貼。當取消數量門檻限制後，這些車廠將能再次取得補貼，挹注公司發展。

2. 新能源車（電動車）售價補貼

針對在美國進行組裝的電動車，可享有每輛 7,500 元的稅收減免優惠，另售價 2 萬 500 美元以下的二手電動車，也可享有每輛 4,000 美元的補貼。

3. 針對電動車供應鏈的管控

每輛電動車的零組件得來自美國或有與美國簽署「自由貿易協

定」（FTA，詳見名詞解釋）之國家，且在生產製造的比重上，預計 2023 年提升至 50% 以上、2026 年提升至 80% 以上。換句話說，這法案的其中一項重點，就是美國想建立並鞏固本土的電動車產業供應鏈，非在美國組裝的電動車或零組件廠，恐將無法享有相關的稅務優惠或補貼，例如中國電動車電池大廠的寧德時代、韓國電池三巨頭的 LG 新能源、三星（Samsung）SDI、SK On 等都可能受到該法案的影響。

4. 補助內需電動車市場

美國為國內中低收入者提供購置電動車的稅收減免，有助於美國本土電動車消費市場的成長。

政策 2》加州 2035 年禁售燃油車

美國加州政府在 2022 年 8 月 25 日時宣布，將在 2035 年時全面禁售燃油車。由於加州是美國最大的汽車市場，估計此項新制將會產生示範效果，帶動其他州政府的跟進。

名詞解釋

自由貿易協定

自由貿易協定是 2 個或 2 個以上國家或區域的貿易實體，彼此之間所簽訂的貿易條約，目的在於促進經濟一體化，消除貿易壁壘（例如關稅、貿易配額和優先順序別），允許貨品與服務在國家間自由流動。

擁全球電動車龍頭及新興車廠，產品定位多樣化

既然提到美國的電動車市場，那就一定要介紹全球電動車界裡的老大哥——特斯拉。

全球電動車龍頭》特斯拉

特斯拉這家公司，如今儼然已成為全球「電動車」的代名詞，即便中國的需求市場最為巨大，但若以全球電動車品牌的銷售量來看，仍以特斯拉為出貨量冠軍（詳見表 3）。

特斯拉是一家什麼樣的公司？特斯拉可說是全球近 20 年來最創新且最具有產業顛覆力的公司之一。其成立於 2003 年，最初名為「特斯拉汽車（Tesla Motors）」，是一家以電動車為主的新創車廠。

特斯拉的創始人是馬丁．艾伯哈德（Martin Eberhard）和馬克．塔彭寧（Marc Tarpenning），它們的目標就是研發電動汽車，而特斯拉這個名字是為了紀念偉大的發明家和電氣工程師尼古拉．特斯拉（Nikola Tesla）。到了 2017 年，特斯拉汽車正式更名為「特斯拉」，並進一步把電動車業務拓展到住宅及商業太陽能蓄電系統領域。而大眾熟知的鬼才伊隆．馬斯克，則是在 2008 年時，成為特斯拉執行長。

特斯拉全球電動車出貨量居冠
——特斯拉（Tesla）簡介

項目	說明
創辦人	馬丁．艾伯哈德（Martin Eberhard） 馬克．塔彭寧（Marc Tarpenning）
成立時間	2003 年
特色	目前全球出貨量最大的電動車廠、業界龍頭，以電動客車為主要市場

馬斯克的事業版圖並不只有特斯拉一家公司，還包括航太科技的 SpaceX，低軌衛星相關的 Starlink、AI 領域的 Neuralink、OpenAI，以及 2022 年收購的全球巨型社群平台推特（Twitter）等，涉及的產業領域極廣，對全球的影響力非同小可（詳見圖 5）。

另外，特斯拉在這些年來，也陸續購併了其他公司，最知名的是 2016 年收購的 SolarCity，以及 2019 年收購的 Maxwell。SolarCity 是美國最大的太陽能公司，而 Maxwell 則以電池製造及儲能技術聞名，從特斯拉購併這 2 家公司來看，特斯拉想要做的不僅僅是電動車製造，而是積極地跨足上游端的乾淨能源與電動車的核心電池技術等做串聯，欲打造自家的電動車一條龍生態圈。

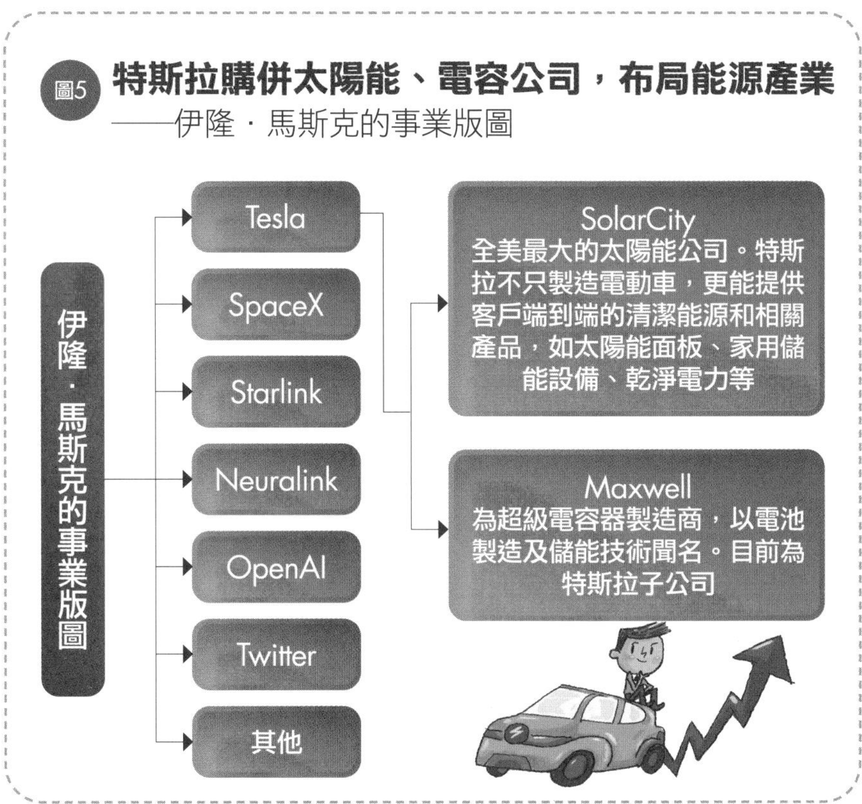

圖5
特斯拉購併太陽能、電容公司，布局能源產業
——伊隆・馬斯克的事業版圖
伊隆・馬斯克的事業版圖
Tesla
SpaceX
Starlink
Neuralink
OpenAI
Twitter
其他
SolarCity
全美最大的太陽能公司。特斯拉不只製造電動車，更能提供客戶端到端的清潔能源和相關產品，如太陽能面板、家用儲能設備、乾淨電力等
Maxwell
為超級電容器製造商，以電池製造及儲能技術聞名。目前為特斯拉子公司

特斯拉為全球最大的電動車生產商，在電動車的投產製造上已到達非常成熟的地步，截至 2022 年 11 月 15 日止，特斯拉在全球能做到量產電動車的超級工廠共有 4 座，分別是美國加州、德州，德國柏林，以及中國上海，年產能各自約為 65 萬輛、25 萬輛、25 萬輛和 75 萬輛，車款包含多數人熟知的 Model Y、Model 3、

電動卡車等等。

而特斯拉電動車之所以能夠崛起，絕非單純只有造車這麼簡單！特斯拉最大的核心賣點，就在於自己研發的「軟體」，其中最受外界矚目的就是「自動駕駛」！電動車之所以能夠成為潮流，除了結合環境、能源等因素考量外，和特斯拉的自駕系統也有很大的關係，正因特斯拉將電動車與自動駕駛合而為一，讓人類看見交通載具的另一種新可能。

不過即便是特斯拉的自駕技術，至今也無法達到「完全自動駕駛」（Level 5）的境界，未來誰能提早達到 Level 5 的境界，恐怕將是當今這個電動車戰國時代下，一個重要的產業分水嶺。

值得特別一提的是，電動車業界龍頭特斯拉的勁敵，並非只有中國系車廠，在美國本土也有不少新興競爭者，其中最知名的對手，不外乎就是 Rivian 和 Lucid 這 2 家新創車廠。

知名新興車廠》Rivian、Lucid

1. Rivian（Rivian Automotive）

Rivian 成立於 2009 年，是美國知名的新創車廠之一，由史卡林格（R.J. Scaringe）創立（詳見表 4）。公司原名為「Mainstream

Rivian專攻多功能電動貨卡
——Rivian簡介

項目	說明
創辦人	史卡林格（R.J. Scaringe）
成立時間	2009 年
特色	專攻多功能電動車輛，如電動貨卡

Motors」，在 2011 年更名為「Rivian」，命名靈感是來自於佛州的印第安那河（Indian River），正是史卡林格在年少時期時常划船的地方。

目前 Rivian 主要的電動車款是以電動貨卡為主，包括電動皮卡、中型 SUV 等。大股東包含電商龍頭亞馬遜（Amazon）、福特汽車等。2021 年在美國那斯達克交易所掛牌上市，美股代碼 RIVN。

特別值得一提的是，Rivian 在首次公開發行股票（IPO）時，籌資額就約達 120 億美元，創下當年度規模最大的 IPO 紀錄。同時，這家新創車廠也被市場部分人士認為是「特斯拉殺手」（Tesla Killer），不過以兩者的產品來看，特斯拉產品多為電動客車（小客車）為主，雖然也有發表電動卡車及電動皮卡，但以目前現況來說，仍不是特斯拉產品的銷售主力，而 Rivian 則是以多功能電動貨卡為主。兩者雖然都是在做電動車，但在客群定位與產品種類上仍有所差異。

2. Lucid（Lucid Group）

Lucid 成立於 2007 年，公司總部一樣位於美國加州（詳見表 5）。這家公司是由特斯拉前高層謝家鵬（Bernard Tse）和甲骨文（Oracle）前高層溫世銘（Sam Weng）兩位華人創立，最初的公司名稱為「Atieva」，最先從事的業務是電池系統、電動車動力系統的研究與製造。公司在 2016 年時改名為「Lucid」，開始發展自身的電動車品牌，並專注於電動車的製造與研究。

由於 Lucid 其中一位創辦人來自於特斯拉高層的緣故，因此 Lucid 電動車也被市場認為，其產品流著特斯拉的基因。目前 Lucid 電動車產品的路線，主要走的是「豪華電動車」的市場定位。

除了中國、美國外，參與全球電動車戰局的國家，還有歐洲傳統汽車大廠，以及亞洲的日本、韓國的企業，其他海外的重點企業當然也不只有上面這幾家。在電動車產業未來的 10 年、20 年裡，很可能會決定出誰才是全球電動車產業的龍頭霸主，以目前產業的發

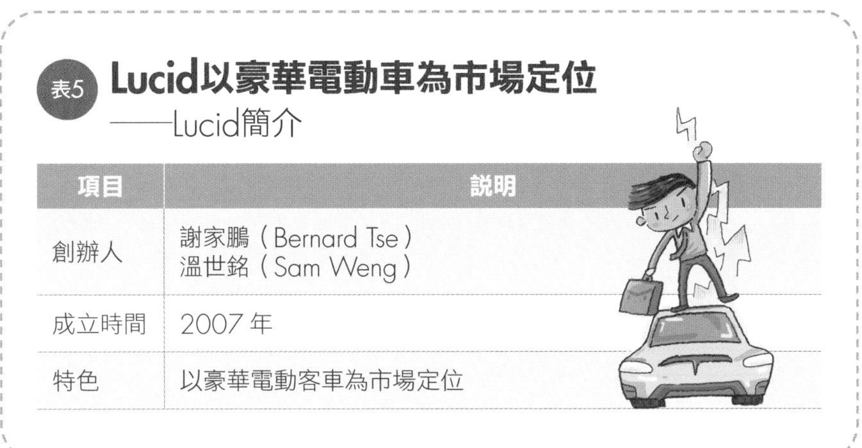

表5 Lucid以豪華電動車為市場定位
——Lucid簡介

項目	説明
創辦人	謝家鵬（Bernard Tse） 溫世銘（Sam Weng）
成立時間	2007 年
特色	以豪華電動客車為市場定位

展情況來說，包括市場規模、電池原料技術等，主要是由中國取得領先，美國、日本、歐洲等主要國家若想要加速超車，可能需要再加把勁，尤其是在電池技術、人工智慧、自駕系統或網路技術等層面，這些都是取得未來產業領導地位的重要關鍵。

Chapter 4

選對金融商品
投資事半功倍

4-1

國內電動車ETF》投資涵蓋完整供應鏈

在前面幾個章節中，為大家介紹過去歷史發展、趨勢展望、產業投資價值，以及提到「為什麼你需要關注電動車」這件事。同時也從電動車產業裡上、中、下游各自的生態做拆解，以及相關的重點企業介紹等。即便如此，對於許多人來說，「電動車」雖然還滿貼近日常生活的，在馬路上也很容易看到電動車在路上跑，電動車儼然已融入我們的生活，但若要認真說起電動車未來的產業重點，以及投資機會在哪裡、該如何參與時，剎那間好像又說不上來。

俗話說：「隔行如隔山。」若不花點時間、氣力，從實際的第一線產業做觀察，或是從基本營運、財報等面向做研究，對一般人來說，電動車產業就好像蒙了一層紗一樣，看得到卻摸不清。

由於電動車是屬於特定領域的單一產業，若非從事相關行業的業內專家，對一般人來說，要能做到動態掌握整個電動車產業的發展與狀況，確實有一定的難度和門檻，因此，若想進一步從中挑出值得投資的標的，恐怕也不是件非常容易的事。

投資產業型ETF可擁有一籃子同產業股票

不過，現在有個投資電動車簡單方式，不用細讀每家公司的財報、營運狀況，就能夠同時投資電動車供應鏈中的數家公司，甚至不局限於上、中、下游特定的供應鏈，而是涵蓋了整個電動車的產業生態，這個方式其實相信多數人都不陌生，這個方式就是——ETF。

如果都是針對單一的特定產業做投資，投資產業中的單一個股和ETF有顯著的不同，除了標的數量外，最大的差異就在於「風險」上。單一個股風險較大的原因，除了選股很重要外，再來就是下市風險。萬一不小心選到地雷股，或是遇到股價長期以來跌跌不休、一去不回頭的情況，若繼續抱著、套著，若公司長期的營運情況與獲利表現依舊不樂觀，確實有可能會面臨股票下市的命運，屆時手中持股會有成為壁紙的可能。

而ETF在這點上可就不同了，雖然和單一個股一樣屬於同個產業領域，但當ETF成分中的某檔持股在特定期間內的表現差勁，對擁有一籃子同產業股票的ETF來說，影響有限，若這檔成分股表現依然不起色、未達指數要求條件，則會被 ETF 自動剔除，進行汰弱留強，因此在風險上自然會比只投資單一個股相對低。

不過要注意的是，產業型 ETF 因為只聚焦在相同產業，因此當遇到整個產業的系統性風險時，一籃子同產業、同性質的股票勢必也會遭遇不小的衝擊，這也是這類型 ETF 的特色和風險（詳見表 1）。

由於 ETF 的類型有很多，一般來說 ETF 可簡單分為 3 種，分別「股票型」、「債券型」及「商品型」，而股票原型（無槓反）ETF 就是多數人最常聽到的「一籃子股票」，債券型 ETF 則是一籃子債券，商品型則是集多種標的如食品原物料相關的黃小玉（編按：指黃豆、小麥、玉米），或是能源類如石油、天然氣，貴金屬如黃金、白銀、銅等，以此類推。

而關於股票原型 ETF 的種類，最常見的種類像是和整體市場連動性高的「市值型」ETF（又常被稱為大盤型 ETF），以配發高股息、擁有一籃子高殖利率股票的則為「高息型」ETF（也常被稱為高股息 ETF），或是以特定選股因子為選股特色的類型如「ESG 型」，以及聚焦在特定單一產業為投資主體的類型，則可稱為「產業型 ETF」，這類型的 ETF 目前也不算少數，例如半導體、通訊 5G、電動車、生技醫療等，而本節的重點就是電動車產業 ETF（詳見圖 1）。

投資產業ETF風險相較投資個股低
——產業個股vs.產業ETF

項目	產業個股	產業 ETF
標的數量	單一	多檔
投資範圍	窄，僅能參與產業鏈其中一環的一家企業	廣，可同時投資產業鏈的上中下游，或是聚焦上中下游中特定部分的多家企業（如僅聚焦上游企業）
投資風險	較高（風險較集中）	較低（風險較分散，但仍集中在單一產業）
投資人選股成本	需自行研究個股，費時費力	透過指數邏輯篩選個股、自動汰弱留強，省時省力
交易成本（交易稅）	千分之3（0.3%）	千分之1（0.1%）

焦點拉回國內，盤點目前（2022.10）國內上市櫃 ETF 中，可直接買得到的電動車產業相關的 ETF，一共有 5 檔，依掛牌日期先後，分別是國泰智能電動車（00893）、富邦未來車（00895）、中信綠能及電動車（00896）、永豐智能車供應鏈（00901）、中信電池及儲能（00902）。

現在就讓我們來看看，這 5 檔和電動車產業密切相關的 ETF，究竟有哪裡不同？各自又有什麼投資特色？

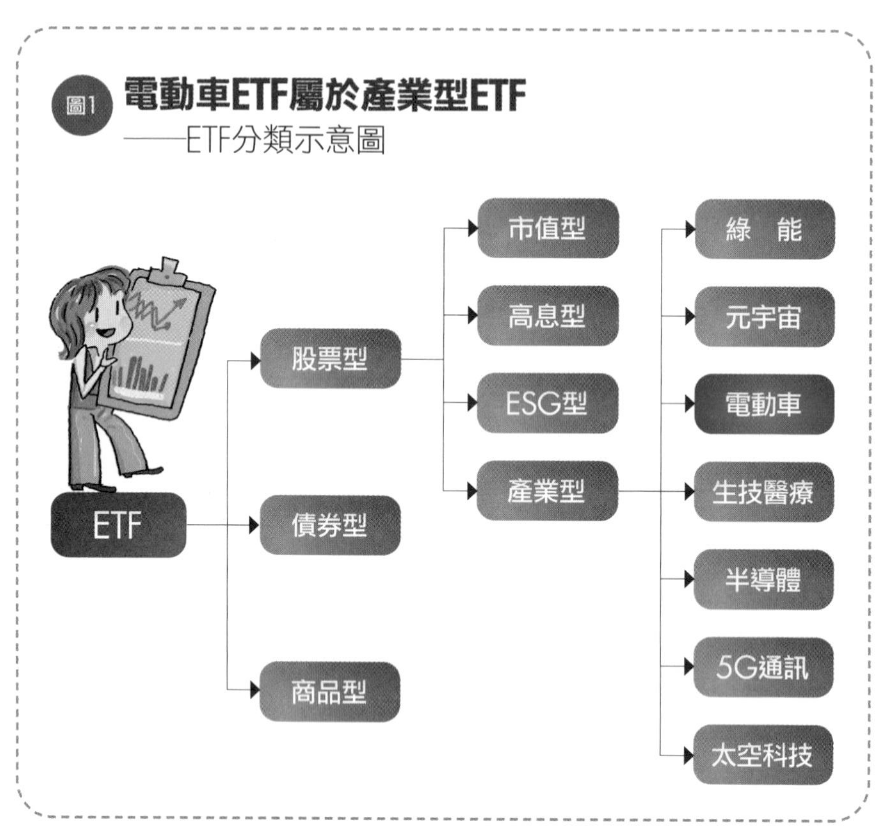

第1檔》國泰智能電動車

00893 是國內 ETF 市場中的第 1 檔電動車 ETF，同時它也是全球第 1 檔「純電動車」的 ETF，這部分在後續的指數選股邏輯中會再進行說明。

表2 00893追蹤ICE FactSet全球智能電動車指數——國泰智能電動車（00893）基本資訊

追蹤指數	ICE FactSet 全球智能電動車指數
掛牌時間	2021.07.01
投資區域	全球
成分股數（檔）	30
發行價（新台幣元）	15
經理費率（%）	0.9
保管費率（%）	0.2
主要選股邏輯	市值 ≥10 億美元
	流動性：3 個月日均成交值 ≥1,000 萬美元
	至少有 50%（含）的營收比重來自於「電動車領域」（依 FactSet RBICS 分類）
成分股權重規定	單一成分股權重 ≤15%
	前 5 大成分股權重 ≤65%
收益分配	無
風險報酬等級	RR4

註：指數選股詳情可詳閱基金公開說明書
資料來源：投信官方、證交所、MoneyDJ

00893 所追蹤的指數為「ICE FactSet 全球智能電動車指數」，從表 2 可發現它的選股邏輯，不外乎就是企業夠大（市值大）、流動性要好（成交量大），以及「電動車營收占比要達 50% 以上」這些條件所篩選出來的成分股（如何查詢 ETF 成分股詳見圖解教學）。換言之，00893 就是想鎖定全球市場中專以電動車產業為業務核心，並囊括上、中、下游一條龍電動車供應鏈的主要企業。

在這樣條件下所選出來的成分股，就會是只聚焦在以電動車為高度發展重心的企業上，也就是說即便公司從事電動車相關產業，但只要上述其中 1 項條件未達標，就沒辦法躋身為成分股的行列，尤其是公司營收結構中，電動車業務項目占比需要高於 50% 這點，更強化了電動車企業在產業鏈中的純度，也因此 00893 才被稱為是 1 檔「高純度」的電動車 ETF。

眼尖的你可能會發現，和台股 ETF 相比，00893 在主要的內扣費用率上（經理費率、保管費率）高出不少，一般來說，以海外股票為投資標的之 ETF，在相關的費用率上多會有比較高的現象。另外要留意的是，00893 在收益分配上是不配息的，這點對多數喜歡領取股息的投資人來說，或許可稍作留意。

00893 在投資區域布局上，以美國和中國為最大宗，而美、中兩國同時也是產業技術的重要核心。在主要的成分持股上，也多是以美、中兩國的企業占多數，像是美國電動車大廠特斯拉（Tesla）、半導體相關的超微半導體（AMD）、輝達（NVIDIA）等；中國部

00893投資區域以美國與中國為主
——國泰智能電動車（00893）持股狀況

區域比重（%）	美國（62.46）、中國（11.64）、瑞士（5.59）
前 10 大持股（占比，%）	特斯拉（15.39）
	超微半導體（12.97）
	輝　達（10.88）
	寧德時代（6.87）
	艾波比（5.59）
	恩智浦半導體（4.64）
	Albemarle Corp（3.71）
	英飛凌科技（3.37）
	蔚來汽車（2.92）
	比亞迪（2.59）
指數調整頻率（月份）	每半年（4 月、10 月）

註：成分及比重會因時間不同而調整變化
資料來源：MoneyDJ、基金月報（2022.10）

分則是以電動車電池生產、製造聞名的寧德時代（CATL），以及中國的電動車相關的企業如蔚來汽車（NIO）、比亞迪（BYD）等（詳見表 3）。

由於成分個股權重會因為市值上下變化而出現異動，所以部分成分持股比重有超過 15% 的限制，而超出權重規定的部分，指數會在下一期的調整中進行再平衡，00893 指數的定期調整頻率為每半年 1 次，落在每年的 4 月和 10 月。

第2檔》富邦未來車

國內第 2 檔電動車 ETF，就是 00895。00895 緊接在 00893 這檔電動車 ETF 後面掛牌，在時間上極為接近，僅差了 1 個月左右，再加上產業主題也具有高度相似性（同為電動車產業），或多或少有些市場較勁的意味。廢話不多說，我們一樣先來看看這檔 00895 電動車 ETF 的基本資訊，以及最重要的是它的指數選股邏輯和投資特色為何。

和 00893 相同的是，00895 同樣重視市值和流動性，只不過它和 00893 最大的差異在於，00895 並非只聚焦在「電動車」上，而是囊括所有與「未來移動商機」相關的產業，包括新能源技術（不只電能，像是乾淨能源的風能、太陽能，或是生質能等都是屬於新能源的一環）、自駕車技術、共享交通或新型態運輸模式、車／物聯網等面向，涵蓋的面向更廣，電動車只是未來交通重心中的一環，這點從 00895 名稱中的「未來車」而不叫「電動車」，似乎也能看出一些端倪（詳見表 4）。

表4 00895追蹤MSCI ACWI IMI精選未來車30指數——富邦未來車（00895）基本資訊

追蹤指數	MSCI ACWI IMI 精選未來車 30 指數
掛牌時間	2021.08.12
投資區域	全球
成分股數（檔）	30
發行價（新台幣元）	15
經理費率（%）	0.9
保管費率（%）	0.2
主要選股邏輯	市值＞ 2 億美元
	流動性：3 個月年化成交值＞ 1 億 2,500 萬美元
	符合 6 大領域之相關企業（電化學儲能技術、電池技術、自駕車技術、電動車零組件與原料相關、新交通運輸、共享運輸）
成分股權重規定	單一成分股權重 ≤20%
	前 5 大成分股權重 ≤65%
收益分配	無
風險報酬等級	RR4

註：指數選股詳情可詳閱基金公開說明書
資料來源：投信官方、證交所、MoneyDJ

也因為涵蓋面向更廣的關係，從 00895 成分股來看，確實包含了不只是電動車的企業，前 10 大成分持股中，能發現不少開始著重在能源轉型的傳統車廠，像是日本豐田汽車（Toyota）、美國通用汽車（General Motors）、福特汽車（Ford Motor）等，甚至也包含概念上相對新穎的共享經濟之企業（Uber），涵蓋的產業來得更多元。

成分股當中，半導體產業是未來智能車產業裡的重點之一，相關的應用層面極廣，如車用晶片、自動駕駛系統等都離不開半導體，而半導體成分股中當然也包含台灣的護國神山台積電（2330）。

另外，若是觀察所有 30 檔成分股，會發現其他產業的身影，例如全球衛星定位、導航的龍頭 Garmin，或是生產電子材料相關、三星集團的附屬企業三星 SDI，中國車廠比亞迪等，可發現和 00893 相比，00895 投資區域多以美國、台灣、日本這些國家為主，中國的比重相較之下低了不少（詳見表 5）。

第3檔》中信綠能及電動車

00896 是國內第 3 檔電動車 ETF，它所追蹤的指數為「臺灣指數公司特選臺灣上市上櫃綠能及電動車指數」。或許你可能會問，為什麼每一檔 ETF 前面都要先提指數名稱呢？很重要嗎？

其實，還真的滿重要的。因為一般來說，如果直接觀察 ETF 的指

表5 **特斯拉為00895第一大成分股，占比逾25%**
——富邦未來車（00895）持股狀況

區域比重（%）	美國（66.11）、台灣（14.58）、日本（8.83）
前 10 大持股（占比，%）	特斯拉（25.58）
	台積電（14.58）
	輝　達（13.09）
	豐田汽車（6.09）
	超微半導體（4.14）
	伊　頓（2.72）
	O'Reilly Automotive, Inc（2.39）
	通用汽車（2.24）
	福特汽車（2.22）
	英美資源集團（2.12）
指數調整頻率（月份）	每年 2 次（5 月、11 月）

註：成分及比重會因時間不同而調整變化
資料來源：MoneyDJ、基金月報（2022.10）

數名稱，通常就能夠很直觀地 Catch 到這檔 ETF 的投資重點，也就是它大概是在投資什麼產業及屬性。

以 00896 來說，就可以從它的指數名稱中去抓到 3 個重點：第 1 個是「台灣上市櫃」，也就是以國內上市櫃的股票為選股母體，換句話說，成分股不會有海外企業，就只會出現台股而已；第 2 個和第 3 個重點則分別是綠能和電動車，也就是說這檔 ETF 除了電動車外，能源產業中的「綠能」也是一項布局的重點。

除此之外，除了能透過指數名稱了解基礎的資訊外，更重要的是要釐清它的選股邏輯，因為指數是 ETF 的核心靈魂，它決定了 ETF 怎麼選股，自然也關乎 ETF 後續的績效表現。因此現在我們就來了解 00896 的指數邏輯，以及投資特色會是什麼模樣。

從表 6 中我們可以得知，雖然 00896 和國內第 1 檔電動車 ETF—— 00893 都是聚焦在整體的電動車產業，但 00896 除了只聚焦台灣外，更著重在這 4 大類群組，分別是「綠能＋電動車」、「綠能」、「電動車」、「半導體」這些面向上。分成 4 組後，符合「群組 1」的個股會優先被納入 ETF 的成分名單中，也就是同時為綠能和電動車的公司會被優先選入；其餘 3 組（綠能、電動車、半導體）會依照自由流通市值的大小進行排序，均分剩餘的成分檔數，成分股數共計 50 檔。

最後則是賦予這 50 檔成分股權重，單一成分股最低權重為 0.5%、最高上限為 15%，前 5 大成分股權重不得超過 65%。在這樣的選股邏輯下，可約略知道 00896 這檔的成分股，又會是長怎樣呢？

00896成分股數為50檔
——中信綠能及電動車（00896）基本資訊

追蹤指數	臺灣指數公司特選臺灣上市上櫃綠能及電動車指數
掛牌時間	2021.09.16
投資區域	台灣
成分股數（檔）	50
發行價（新台幣元）	15
經理費率（%）	0.400
保管費率（%）	0.035
主要選股邏輯	上市上櫃之企業
	流動性：近 12 個月至少有 8 個月流通周轉率達 3% 或成交金額前 20%
	符合 4 大類群組者 群組 1》綠能＋電動車 群組 2》綠能 群組 3》電動車 群組 4》半導體
成分股權重規定	單一成分股權重 0.5% ～ 15%
	前 5 大成分股權重 ≤65%
收益分配（除息月份）	季配（3 月、6 月、9 月、12 月）
風險報酬等級	RR5

註：指數選股詳情可詳閱基金公開說明書
資料來源：投信官方、證交所、MoneyDJ

由於 00896 是以「台股」為投資主體（台灣區域比重 100%），故在區域比重欄位上改以「產業分布」做呈現。從表 7 中我們可以發現到，00896 以半導體和電子類股為重，個股仍以台積電為權重之首，占比逾 10%，其他半導體像是聯發科（2454）也在榜上；而和綠能相關則有中鋼（2002，建置太陽能電廠），以及綠能專用的 PVC 電力管的南亞（1303）、中租 -KY（5871，太陽能相關）等；另屬電動車產業直接相關的就是 MIH 電動車成員中的鴻海（2317），以及電源供應相關的台達電（2308）等，皆為成分股。

第4檔》永豐智能車供應鏈

00901 追蹤的指數為「特選臺灣智能車供應鏈聯盟指數」，從指數名稱可得知，它是 1 檔專攻台灣電動車產業供應鏈為特色的 ETF，它和前一檔電動車 ETF 00896 一樣是鎖定台灣上市櫃的企業，也就是成分股中全部是由台股所組成。在選股邏輯上，同樣也加入了流動性、獲利等指標作為篩選。

不過較特別的是，這檔 ETF 將成分股分成 8 個族群，分別是半導體產業，包括「晶片晶圓製造」及「非晶片晶圓製造」的其他半導體組，故半導體產業共有 2 組，其他組別則是「電腦周邊」、「光

00896成分股中半導體與電子產業占比最高
——中信綠能及電動車（00896）持股狀況

產業比重（%）	半導體（22.95）、電子（13.69）、電腦周邊（11.99）
前 10 大持股（股號／占比，%）	台積電（2330／10.46）
	鴻　海（2317／8.17）
	台達電（2308／4.85）
	中華電（2412／4.35）
	台　塑（1301／4.26）
	南　亞（1303／3.37）
	中　鋼（2002／3.28）
	中租-KY（5871／3.26）
	台　泥（1101／2.98）
	聯發科（2454／2.74）
指數調整頻率（月份）	每年 2 次（5 月、11 月）

註：成分及比重會因時間不同而調整變化
資料來源：MoneyDJ、基金月報（2022.10）

電通訊」、「電子零組件」、「其他電子」、「綠能」和「電動車」（詳見表 8），雖然種類眾多，但它組別成分股數配置上有所差異，8 類中以「電動車產業」的成分股數最多，50 檔中占 8 檔，比重為 16%；其餘類別成分股數則各有 6 檔，每個群組比重占比為 12%。換句話說，這檔電動車 ETF 和 00896 有些類似，囊括了多種電動車的相關產業，但 00901 布局則更為廣泛，不只綠能、電動車，也著重在各種電子產業及半導體上。

而在收益分配上，00901 採的是「年配息」，除息時間約落在每年的 11 月。在產業持股的權重規定上，最大的成分股權重不得超過 30%，而除了最大成分股外，其餘的個股權重不得超過 10%，前 5 大成分股權重合計不得超過 60%。現在我們來看看，在這些條件之下，ETF 的持股會是什麼樣貌？

從表 9 中可得知，目前產業比重最高者為半導體，比重高達 47.59%，當中像是台積電、聯發科、聯電（2303）等皆為半導體產業，其次為「其他電子」和「電子零組件」，比重分別為 16.46% 和 13.16%，成分股包含 MIH 電動車聯盟的鴻海、台達電等，ETF 指數每年進行 2 次再平衡，時間點落在 6 月和 12 月。

第5檔》中信電池及儲能

截至資料時間為止（2022.10），00902 為最新電動車產業相關的 ETF，從指數名稱中也可直接察覺，這檔 ETF 的投資重心，就是只聚焦在新時代的石油，也就是直搗電動車心臟──「電池」產業，包括像是製造電池的原物料、電池製造技術等都是。

表8 00901追蹤特選臺灣智能車供應鏈聯盟指數——永豐智能車供應鏈（00901）基本資訊

追蹤指數	特選臺灣智能車供應鏈聯盟指數
掛牌時間	2021.12.15
投資區域	台灣
成分股數（檔）	50
發行價（新台幣元）	15
經理費率（%）	0.400
保管費率（%）	0.035*
主要選股邏輯	上市上櫃之企業
	流動性：近 12 個月至少有 8 個月流通周轉率達 3%、近 3 個月日成交金額逾新台幣 1,000 萬元
	獲利指標：最近 1 季稅後純益或最近 4 季稅後純益合計為正
	符合以下 8 類族群者，依市值大小排序選入（電動車產業組別為 8 檔，其餘皆為 6 檔）：1. 半導體產業（晶片晶圓製造）；2. 其餘半導體群組（非晶片晶圓製造）；3. 電腦周邊設備；4. 光電通訊；5. 電子零組件；6. 其他電子；7. 綠能；8. 電動車
成分股權重規定	最大持股權重 ≤30%，其餘單一成分股權重 ≤10%
	前 5 大成分股權重 ≤60%
收益分配（除息月份）	年配（11 月）
風險報酬等級	RR5

註：1. 指數選股詳情可詳閱基金公開說明書；2.* 保管費率會隨基金規模而級距調整
資料來源：投信官方、證交所、MoneyDJ

台積電為00901第一大成分股，比重達27%

——永豐智能車供應鏈（00901）持股狀況

產業比重（%）	半導體（47.59）、其他電子（16.46）、電子零組件（13.16）
前 10 大持股（股號／占比，%）	台積電（2330／27.44）
	鴻　海（2317／11.03）
	台達電（2308／7.30）
	聯發科（2454／7.17）
	聯　電（2303／3.42）
	日月光投控（3711／2.23）
	廣　達（2382／2.21）
	華　碩（2357／1.87）
	光寶科（2301／1.75）
	正　新（2105／1.68）
指數調整頻率（月份）	每年 2 次（6 月、12 月）

註：成分及比重會因時間不同而調整變化
資料來源：MoneyDJ、基金月報（2022.10）

在主要的內扣費率（經理費及保管費）上，由於這檔 ETF 所投資的區域，和 00893、00895 這 2 檔一樣都是屬於「全球型」，所以在相關的費用率上會比台股 ETF 費率明顯高很多（詳見表 10）。

根據 00902 的基金公開說明書，可得知其選股邏輯大致上有下

00902經理費率為0.9%、保管費率為0.2%
——中信電池及儲能（00902）基本資訊

追蹤指數	ICE FactSet 電池與儲能科技指數
掛牌時間	2022.01.25
投資區域	全球
成分股數（檔）	30
發行價（新台幣元）	15
經理費率（%）	0.9
保管費率（%）	0.2
主要選股邏輯	市值＞ 10 億美元
	流動性：近 3 個月日均成交值＞ 300 萬美元
	至少有 25% 營收得來自「電池儲能科技」或「電池材料技術」
成分股權重規定	單一成分股權重 ≤10%
	陸股成分權重合計 ≤50%
收益分配	無
風險報酬等級	RR5

註：指數選股詳情可詳閱基金公開說明書
資料來源：投信官方、證交所、MoneyDJ

列幾項篩選指標，與先前掛牌的 4 檔電動車 ETF 一樣，同樣都有針對市值、流動性做篩選。在選股母體上，主要是以美國、中國（包括香港）、韓國、日本、台灣等證交所掛牌的股票為主，並依

RBICS 行業分類（詳見表 11），選出至少有 25% 的營收來源是來自於電池產業的相關企業，再將符合條件之個股分成上游的「電池材料與設備」，以及中游的「電池儲能科技」這 2 大類別，並各自選出 15 檔個股，合計 30 檔為最終成分股。

最終針對這 30 檔成分股，依自由流通市值給予權重。值得注意的是，在權重規定上，單一個股權重不超過 10%，且在陸股（包含上海、深圳及香港這 3 處交易所）掛牌的股票，權重合計不能超過 50%。指數成分調整為每年 4 次，也就是「季調整」，於每個季度（1 月、4 月、7 月及 10 月）針對成分股做定期審視。在收益分配上，00902 屬於不配息、收益併入基金資產中，由此可知配息並非這檔 ETF 的投資重點。

從表 12 成分股中可發現，00902 所選出來的持股，確實都和電池產業有非常大的關聯，以中國、美國、韓國為主；在區域比重中，更以中國所占的比重最高、將近有 4 成，前 10 大持股也有不少中國企業，像是專以電動車電池生產和技術聞名的寧德時代，電池製造原物料相關的天齊鋰業，以及億緯鋰能等。誠如前面所述，00902 最大的差異就是「不直接投資電動車」產業、而是專攻電池。

中國比重高的主要原因之一，是因為地大物博的中國擁有豐富的

RBICS分類下的10項電池相關行業
——RBICS行業分類

項目	Semiconductor-Relaed RBICS Level 6 Indutries	中文名稱
1	Mixed Heavy-Duty and High-End Batteries Makers	碳鋅及高端電池製造
2	Consumer Batteries Manufacturing	消費電池製造
3	Heavy-Duty Industrial Batteries Manufacturing	碳鋅工業電池供應商
4	Electric Vehicle Batteries Manufacturing	電動車電池製造
5	Traditional Vehicle Batteries Manufacturing	傳統汽車電池製造
6	Backup, Emergency and Standby Power Products	備用電源產品
7	Lithium Compounds Manufacturing	鋰化合物製造
8	Lithium Ore Mining	鋰礦產業
9	Electronic Materials Manufacturing	電子原料供應商
10	Multi-Industry-Specific Factory Machinery Makers	機械製造商

資料來源：中信電池及儲能（00902）基金公開說明書

天然礦產等資源，在電池原料製造上擁有相對較佳利基，再加上中國人口眾多、市場廣大以及政府積極力推電動車產業發展的情況下，中國企業在電動車電池的布局上，已擁有非常高的市占率，時至今日，中國已是當今全球電動車產業鏈裡很重要的一環。

有鑑於此，為避免過度集中在單一市場，00902 也針對陸股（編按：陸股指的是包括上海、深圳、香港交易所掛牌交易之股票）權重特別做規範，因此出現陸股成分權重合計不能超過 50% 的規定。

用「點、線、面」思維比較5檔ETF

不過看到這邊，你可能會有一個小問題，那就是這 5 檔電動車 ETF 究竟有什麼差異？從各檔 ETF 的指數選股邏輯來看，或許可以用「點、線、面」3 種投資思維，來幫助理解各檔 ETF 的投資核心，說明如下：

1.「點」投資

只針對電動車產業鏈中的「單一核心」進行投資，例如專攻電動車的中上游的電池產業的 00902。

2.「線」投資

針對單一產業純度高的「產業鏈」進行投資，如 00893、00901 這些 ETF，電動車產業鏈的上中下游都有進行投資布局。

3.「面」投資

投資未來交通趨勢的「整體面」。電動車是未來交通的其中一項

00902投資中國比重高達近40%
——中信電池及儲能（00902）持股狀況

區域比重（%）	中國（39.75）、韓國（23.37）、美國（21.58）
前10大持股（占比，%）	雅保公司（14.77）
	三星電管（9.95）
	LG 化學有限公司（8.48）
	寧德時代（8.03）
	智利化工礦業公司（5.93）
	TDK 公司（5.76）
	基內瑞克控股公司（5.40）
	LG Energy Solution（4.94）
	天齊鋰業（3.96）
	億緯鋰能（3.93）
指數調整頻率（月份）	每年4次（1月、4月、7月、10月）

註：成分及比重會因時間不同而調整變化
資料來源：MoneyDJ、基金月報（2022.10）

趨勢，但並非唯一的核心重點，因此部分ETF除了電動車產業外，包括新能源（如綠能）、新交通（如共享交通），或是電動車不可或缺的晶片（半導體）等，都囊括其中，如00895、00896就有這樣的味道。最後，附上這5檔國內電動車ETF比較整理，提供給大家研究參考（詳見表13）。

表13 國內電動車ETF中僅00896、00901有配息

名稱（代號）	國泰智能電動車（00893）	富邦未來車（00895）
投資區域類型	全球	全球
成分股數（檔）	30	30
經理費率（%）	0.900	0.900
保管費率（%）	0.200	0.200
指數主要選股邏輯	市值≥10億美元	市值＞2億美元
	流動性：近3個月日均成交值≥1,000萬美元	流動性：近3個月年化成交值＞1億2,500萬美元
	聚焦智能電動車上、中、下游供應鏈	符合6大領域之企業（電化學儲能、電池、自駕車、電動車零組件與原料、新交通運輸、共享運輸）
成分股權重規定	單一成分股權重≤15%	單一成分股權重≤20%
	前5大成分股權重≤65%	前5大成分股權重≤65%
成分調整時間（月份）	每年2次（4月、10月）	每年2次（5月、11月）
收益分配（除息月份）	無	無

註：1. 各大ETF內容細節請詳見公開說明書；2. *00901保管費率依基金規模而浮動（新台幣20億元（含）以下0.04%、新台幣20億～50億元（含）0.035%、新台幣50億元以上0.03%

——5檔國內電動車ETF比較

中信綠能及電動車（00896）	永豐智能車供應鏈（00901）	中信電池及儲能（00902）
台灣	台灣	全球
50	50	30
0.400	0.400	0.900
0.035	0.035*	0.200
◎上市：資本＞新台幣6億元 ◎上櫃：資本＞新台幣5,000萬元	◎上市：資本＞新台幣6億元 ◎上櫃：資本＞新台幣5,000萬元	市值＞10億美元
流動性：近12個月至少有8個月流通周轉率達3%或成交金額前20%	流動性： 1. 近3月日均成交金額＞新台幣1,000萬元 2. 近12月中至少有8個月流通周轉率達3%	流動性：近3個月日均成交值＞300萬美元
符合4大類群組者（綠能＋電動車、綠能、電動車、半導體）	1. 近1季稅後純益或近4季稅後純益合計為正值 2. 符合8大類群組者（IC／晶圓製造、其他半導體、電腦周邊、光電通訊、電子零組件、其他電子、綠能、電動車）	至少有25%營收得來自「電池儲能科技」或「電池材料技術」（依RBICS分類標準）
單一成分股權重0.5%～15%	最大成分股權重≤30% 其餘單一成分股權重≤10%	單一成分股權重≤10%
前5大成分股權重≤65%	前5大成分股權重≤60%	陸股權重合計≤50%
每年2次（5月、11月）	每年2次（6月、12月）	每年4次（1月、4月、7月、10月）
季配（3月、6月、9月、12月）	年配（11月）	無

資料來源：各大投信

圖解教學　查詢ETF成分股

查詢ETF的成分持股的方式有很多，例如可以去投信官網，或是到相關財經平台或網站也可，這邊提供一種簡易方面、快速上手的方式，給大家參考。此處以MoneyDJ理財網（www.moneydj.com），查詢「國泰智能電動車（00893）」為例。首先進入MoneyDJ網站首頁，在右方搜尋欄位點選❶「ETF」，並輸入代號❷「00893」，之後點選❸「搜尋」。

點選❶「國泰全球智能電動車ETF基金」。

代碼	ETF名稱	日期	幣別	市價	折溢價(%)	市價漲跌	市價漲跌幅(%)	成交量
00893	國泰全球智能電動車ETF基金	2022/11/16	台幣	12.47	2.55	0.07	0.56	18.54M

附註：
一、績效計算為原幣別報酬，且皆有考慮配息情況。基金配息率不代表基金報酬率，且過去配息率不代表未來配息率。所有基金績效，均為過去績效，不代表未來之績效表現，亦不保證基金之最低投資收益。
二、基金淨值可能因市場因素而上下波動，基金淨值僅供參考，實際以基金公司公告之淨值為準；海外市場指數類型基金，以交易日當天收盤價為淨值參考價。

STEP 3 接著，點選上方❶「持股狀況」。

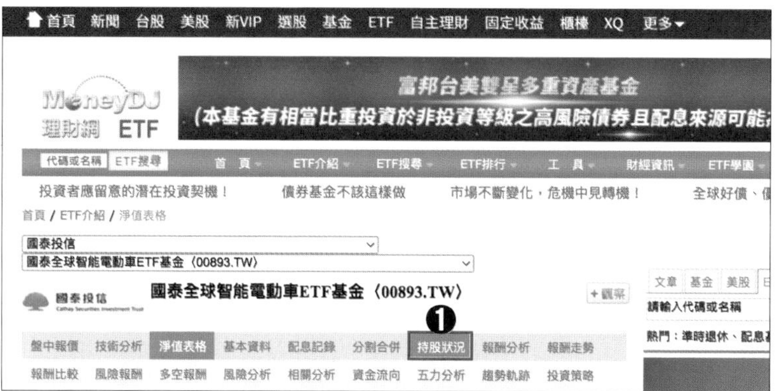

跳轉至下個頁面後，往下拉即可看到00893的❶「持股分布（依區域）」、❷「持股分布（依產業）」、❸「持股明細」等詳細資訊。

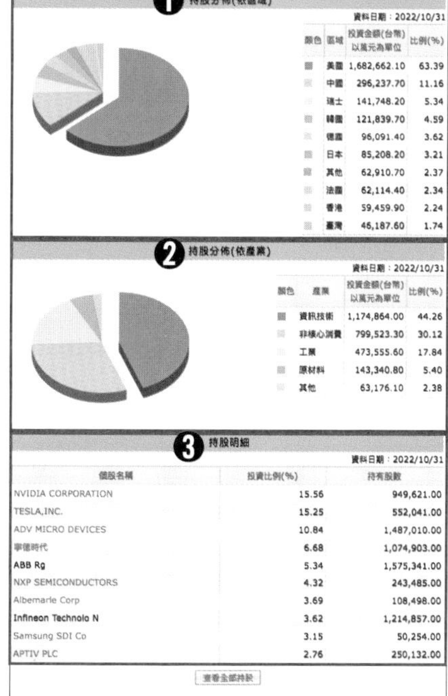

❶ 持股分佈(依區域)

資料日期：2022/10/31

顏色	區域	投資金額(台幣)以萬元為單位	比例(%)
	美國	1,682,662.10	63.39
	中國	296,237.70	11.16
	瑞士	141,748.20	5.34
	韓國	121,839.70	4.59
	德國	96,091.40	3.62
	日本	85,208.20	3.21
	其他	62,910.70	2.37
	法國	62,114.40	2.34
	香港	59,459.90	2.24
	臺灣	46,187.60	1.74

❷ 持股分佈(依產業)

資料日期：2022/10/31

顏色	產業	投資金額(台幣)以萬元為單位	比例(%)
	資訊技術	1,174,864.00	44.26
	非核心消費	799,523.30	30.12
	工業	473,555.60	17.84
	原材料	143,340.80	5.40
	其他	63,176.10	2.38

❸ 持股明細

資料日期：2022/10/31

個股名稱	投資比例(%)	持有股數
NVIDIA CORPORATION	15.56	949,621.00
TESLA,INC.	15.25	552,041.00
ADV MICRO DEVICES	10.84	1,487,010.00
寧德時代	6.68	1,074,903.00
ABB Rg	5.34	1,575,341.00
NXP SEMICONDUCTORS	4.32	243,485.00
Albemarle Corp	3.69	108,498.00
Infineon Technolo N	3.62	1,214,857.00
Samsung SDI Co	3.15	50,254.00
APTIV PLC	2.76	250,132.00

查看全部持股

資料來源：MoneyDJ 理財網

4-2

海外電動車ETF》零時差布局全球市場

在4-1中，我們介紹了國內業者發行、5檔最直接與電動車產業相關的ETF，包括台灣第1檔電動車ETF的國泰智能電動車（00893）、富邦未來車（00895）、中信綠能及電動車（00896）、永豐智能車供應鏈（00901）和中信電池及儲能（00902）這5檔，也介紹了各自的投資特色、選股邏輯等。

令人好奇的是，如果要用ETF投資電動車產業，只有國內的ETF嗎？當然不止囉！國外當然也有和電動車產業相關的ETF，而且發行的時間多比國內的5檔電動車ETF還要來得更早一些！

不過，由於美國和中國是全球最主要的電動車市場，再加上美國是目前全球最大的投資市場與經濟體，涵蓋的投資標的範圍遍及全球、非常廣泛，因此這邊我們主要以美國掛牌的美股ETF為主，目前有「SPDR標普Kensho智能移動ETF」（美股代號：HAIL）、

「KraneShares 電動車及未來移動 ETF」（美股代號：KARS）、「Global X 自動駕駛與電動車 ETF」（美股代號：DRIV）、「iShares 自駕電動汽車和科技 ETF」（美股代號：IDRV）這 4 檔。

這 4 檔究竟有何差異？各自又有什麼特色呢？現在就讓我們一起來看下去，一一拆解！

第 1 檔》SPDR 標普 Kensho 智能移動 ETF

HAIL 是這 4 檔 ETF 之中，成立時間較早的 1 檔（2017 年 12 月成立），成立至今約有 5 年的時間。HAIL 由 SPDR（State Street Global Advisors）所發行，在標的、種類、數量上都非常多，所管理的資產金額也非常龐大。

HAIL 的英文全名為「SPDR S&P Kensho Smart Mobility ETF」，中文名為「SPDR 標普 Kensho 智能移動 ETF」，追蹤的指數為「S&P Kensho Smart Transportation Index」，中文多翻成「標普 Kensho 智能運輸指數」，從指數的英文名稱「Smart Transportation」可約略知道，這檔 ETF 是和「智能交通」的主題產業有關。

HAIL 在區域布局上，目前是以美國、日本和以色列為主，比重各自為 85.04%、3.19% 和 2.49%；其次則為中國和新加坡，比重各占 2.29% 和 1.35%。

在收益分配上，HAIL 也是 4 檔海外電動車 ETF 中，唯一採季配息的 1 檔。另外，在總費用率（內扣費用率）上，則是 4 檔 ETF 中最低的 1 檔，為 0.45%（詳見表 1）。

截至資料時間為止（編按：資料時間為 2022.09.30），目前 HAIL 的成分股來到 92 檔之多。從它的持股產業分布來看，較著重在車輛的製造上，汽車製造相關比重最高，落在 2 成多，其次為汽機車零組件和工程機械等相關產業上。

從前 10 大成分股來看，也多和電動車產業相關，例如電動車自動駕駛系統中，最需要的零件之一——「傳感器」（感測器，Sensor），或是電動車動力設備、充電或電網等都在其中。當中多數人可能比較熟悉的是「優步科技」這家公司，沒錯，它就是現在我們常聽見或使用的 Uber，像是優食（Uber Eats）或叫車、搭車的「優步」（Uber），都是這家公司。

此外，它也包含許多傳統車廠，例如美國汽車大廠福特汽車（Ford Motor）、通用汽車（General Motors），也包含日本汽車大廠本

HAIL總費用率為0.45%
——SPDR標普Kensho智能移動ETF（HAIL）基本資訊

追蹤指數	S&P Kensho Smart Transportation Index
成立日期	2017.12.26
投資區域比重（%）	美國（85.04）、日本（3.19）、以色列（2.49）
規模（億美元）	0.69
計價幣別	美元
總費用率（%）	0.45
收益分配	季配
持股產業（占比，%）	汽車製造（20.16）
	汽機車零組件（14.31）
	工程機械與重型卡車（11.83）
前 10 大持股（占比，%）	Innoviz Technologies（2.03）：傳感器相關
	普拉格能源（1.90）：燃料能源技術
	Rivian Automotive（1.85）：電動車開發製造
	特斯拉（1.84）：電動車與相關科技
	優步科技（1.72）：應用科技服務
	Blink Charging Co（1.70）：充電設備及電網服務
	Enphase Energy（1.66）：逆變器相關設備
	安森半導體（1.64）：半導體相關
	Lordstown Motors（1.61）：電動客貨車
	康明斯（1.59）：動力設備

註：資料日期為 2022.09.30　　資料來源：MoneyDJ

田汽車（Honda）等；新興電動車廠的部分，則包含像是全球電動車龍頭大廠、美國特斯拉（Tesla）、中國蔚來汽車（NIO）等。

從成分產業和持股來看，雖然中國在電動車產業上（尤其是電動車中與電池相關的企業）是不少投資標的的重心，但 HAIL 很明顯地是以美國為投資重點，比重超過 8 成，投資焦點較集中在電動車供應鏈裡的下游（產業鏈末端），例如整車製造、動力機械、零組件、車輛設備等。

第 2 檔》KraneShares 電動車及未來移動 ETF

KraneShares 電動車及未來移動 ETF 是這 4 檔中，第 2 檔成立時間較久的 ETF，於 2018 年 1 月時成立，英文名稱為「KraneShares Electric Vehicles & Future Mobility ETF」，美股代號為 KARS，其追蹤的指數為「Bloomberg Electric Vehicles Index」。同樣地，我們從這檔 ETF 英文名稱中，可了解到它主要是聚焦在「電動車輛」和「未來移動」這兩者，後續我們可在持股產業上再做觀察。

雖然很多美股或美股 ETF 是不配息的，但 KARS 與其他 3 檔一樣，收益分配上都有配息的設計，而 KARS 為年配息（詳見表 2），總費用率為 0.7%，為 4 檔 ETF 中最高。

表2 KARS收益分配方式為年配息

——KraneShares電動車及未來移動ETF（KARS）基本資訊

追蹤指數	Bloomberg Electric Vehicles Index
成立日期	2018.01.18
投資區域比重（%）	中國（33.42）、美國（26.86）、澳洲（9.58）
規模（億美元）	2.02
計價幣別	美元
總費用率（%）	0.70
收益分配	年配
產業比重（%）	非必需消費品（38.86）
	原料（31.65）
	工業（21.98）
前 10 大持股（占比，%）	三　星（5.68）：電池儲能
	雅　寶（4.74）：電池材料
	安波福（4.60）：車用電子
	日本電產（3.84）：驅動系統
	特斯拉（3.83）：電動車與相關科技
	比亞迪（3.51）：汽車製造
	Rivian Automotive（3.22）：汽車製造
	寧德時代（3.16）：電池儲能
	LG Energy Solution（3.09）：電池儲能
	加拿大麥格納國際（2.94）：車用系統

註：資料日期為 2022.09.30　　資料來源：MoneyDJ

KARS 布局觸及電動車領域各個範圍，目前其前 10 大成分股中，除了電動車輛製造相關如美國特斯拉、Rivian Automotive，以及中國比亞迪（BYD），也包含像是電池原物料相關，全球知名電池原材料鋰大廠的美國雅寶（Albemarle）、韓國三星 SDI，以及在電動車產業中具有重要電池市占的中國寧德時代（CATL）等。

KARS 還有一個特色是，因為其發行公司 KraneShares 向來以發行中國、新興市場產品聞名，因此前 10 大持股中，可以看得到對中國的布局來得更為明顯，中國比重超過 3 成之多。

第 3 檔》Global X 自動駕駛與電動車 ETF

另一檔海外的電動車 ETF 為 DRIV，英文名稱為「Global X Autonomous & Electric Vehicles ETF」，其追蹤的指數為「Solactive Autonomous & Electric Vehicles Index」，指數中文名稱大多翻譯成「Solactive 自動駕駛及電動車指數」，若從指數名稱裡的「自動駕駛」（Autonomous），我們大概可以知道，這檔 ETF 應該會是以電子類的資訊技術、半導體等產業為主。這是為什麼呢？

如前面 2-3 內容中有提到，關於汽車智能化及自動駕駛等的相關技術與等級等，自動駕駛系統奠基於先進駕駛輔助系統（ADAS）

之上，需要仰賴大量的傳感器與相關的電子設備，得先透過傳感器進行環境監測、蒐集數據，並回傳給處理器（Processor）進行資料分析與判讀，最後再將判讀後的資訊交由執行器（Actuator）去執行相對應的實質行動。

「自動駕駛系統」和「電動車」可以說是高度相關，勢必將廣泛應用上述所提到的傳感硬體元件、半導體或高階運算軟體等，現在我們就先來看看 DRIV 的基本資訊，並觀察它在產業布局上是不是真的如此？

一樣截至資料時間（編按：資料時間為 2022.09.30）止，DRIV 的成分股數一共有 75 檔，從前 10 大成分股中可發現，和晶片、半導體相關的企業確實不少，像是大廠英特爾（Intel）、輝達（NVIDIA）、高通（Qualcomm）等，科技類的則有微軟（Microsoft）、蘋果（Apple），以及 Google 的子公司字母（Alphabet），近年來也都非常積極在人工智慧（AI）的研發上，用以導入自動駕駛系統。

最大持股以新創車廠／科技公司的特斯拉比重最高，傳統燃油車廠的部分則包含了像是日本大廠豐田汽車（Toyota）、中國吉利汽車（Geely Automobile Holdings Limited）與蔚來汽車。

另外，DRIV 是這 4 檔 ETF 中基金規模最大的 1 檔，來到 8 億 1,800 萬美元（詳見表 3）；總費用率則是 4 檔 ETF 中次高，為 0.68%。另外，在收益分配上屬於半年配。

最後，DRIV 聚焦在電動車產業鏈中的上游和中游，上游即是和電池原物料相關，而中游則像是和系統相關，例如三電系統（電池模組、電機馬達、電控系統）、充電系統等，和 HAIL 在聚焦的投資面向上有些差異。

第 4 檔》iShares 自駕電動汽車和科技 ETF

IDRV 追蹤的指數為「NYSE FactSet Global Autonomous Driving and Electric Vehicle Index」，從指數名稱中能知道，這檔 ETF 也是和自動駕駛、電動車為最相關。

同時，IDRV 也是 4 檔 ETF 中最晚成立、最新的 1 檔，它在 2019 年 4 月時才問世，投資區域以美國為最大宗，比重約有 5 成以上；其次為日本、德國。

雖然成立時間最晚，但在基金規模上卻是當中的第 2 大，來到 4 億 1,900 萬美元（詳見表 4）。和 DRIV 一樣屬於半年配息，截至

表3 DRIV基金規模達8億1800萬美元
——Global X自動駕駛與電動車ETF（DRIV）基本資訊

追蹤指數	Solactive Autonomous & Electric Vehicles Index
成立日期	2018.04.13
投資區域比重（%）	美國（56.10）、日本（9.80）、澳洲（5.80）
規模（億美元）	8.18
計價幣別	美元
總費用率（%）	0.68
收益分配	半年配
產業比重（%）	非必需消費品（36.40）
	資訊科技（25.80）
	原料（17.90）
前10大持股（占比，%）	特斯拉（3.56）：新創車廠／科技
	蘋　果（3.02）：科技
	微　軟（2.93）：科技
	字母公司（2.73）：科技
	高　通（2.65）：半導體
	豐田汽車（2.62）：汽車製造
	輝　達（2.55）：半導體
	英特爾（2.20）：半導體
	漢威聯合（2.07）：自動化設備
	Pilbara Minerals（1.99）：電池原物料

註：資料日期為2022.09.30　資料來源：MoneyDJ

目前為止（2022.10），成分股數目前有高達 120 檔。在總費用率上為 0.47%，在 4 檔之中也是屬於偏低的。

觀察 IDRV 前 10 大成分股，很明顯可以分成 2 類：第 1 類是偏向自動駕駛系統的基本元件，像是晶片半導體與相關電子零件等，例如高通、三星電子，以及與 AI 科技、軟體開發高度相關的蘋果、Google 子公司字母公司、特斯拉，還有自動化設備、機器人研發相關的艾波比（ABB）。

第 2 類則是較偏向在電動車下游製造的領域，例如傳統製車大廠日本豐田汽車、美國通用汽車與福特汽車，以及位在產業中下游、從事動力系統相關的美國伊頓公司。

從前 10 大成分股可以看到，IDRV 和前一檔 DRIV 不只名稱很像，且投資的面向和主要的成分股也很接近，美國比重同樣超過 5 成、日本比重則位在第 2 位，另外，10 檔成分股中，持股有 5 檔是一樣的！

我們進一步比較一下 IDRV 和 DRIV 的前 10 大持股，IDRV 似乎更著重在整車製造與自動化等硬體設備上；而 DRIV 則相對於偏重自動駕駛的前端部分，例如那些著重在半導體生產製造、AI 研發等類型

表4 IDRV基金規模為4億1900萬美元
——iShares自駕電動汽車和科技ETF（IDRV）基本資訊

追蹤指數	NYSE FactSet Global Autonomous Driving and Electric Vehicle Index
成立日期	2019.04.16
投資區域比重（%）	美國（52.88）、日本（10.40）、德國（10.39）
規模（億美元）	4.19
計價幣別	美元
總費用率（%）	0.47
收益分配	半年配
產業比重（%）	非必需消費品（44.20）
	資訊科技（34.71）
	工業（10.48）
前10大持股（占比，%）	特斯拉（5.59）：新創車廠／科技
	蘋　果（4.68）：科技
	字母公司（4.12）：科技
	伊　頓（4.05）：動力系統
	高　通（3.95）：半導體
	豐田汽車（3.85）：汽車製造
	艾波比（3.53）：自動化設備
	三星電子（3.41）：電子、半導體等
	通用汽車（3.41）：汽車製造
	福特汽車（3.37）：汽車製造

註：資料日期為 2022.09.30　　資料來源：MoneyDJ

的企業，因此，2 檔 ETF 在布局上仍略有差異。

4 檔海外電動車 ETF 可歸納出 3 大特色

廣義來說，這 4 檔海外股票成分的 ETF 都和電動車領域有關，不過各自在產業布局重點仍有一些差異。從持股產業及成分股中，可簡單歸納出 3 大特色重點（詳見圖 1）：

特色 1》著重未來交通產業：HAIL

HAIL 的投資範圍較廣，最大的特色就在於，它聚焦在「未來交通」上，也就是說，它不只聚焦在電動車，更含括未來的新興能源與交通形式，投資範圍廣泛，例如共享交通、新能源或自動駕駛系統的核心材料半導體、軟體開發等，甚至是航太科技等，都囊括在其中。

特色 2》聚焦中國電動車產業：KARS

KARS 是以中國為投資重心，且是專門以電動車產業的上游、電動車的心臟——電池為投資核心。

而中國除了電動車市場龐大、國家強力支持電動車發展之外，再加上電池製造原料豐富等因素，都讓中國在電池與儲能技術這個領域，在全球上擁有很高的市占率，寧德時代就是當中最知名、最具

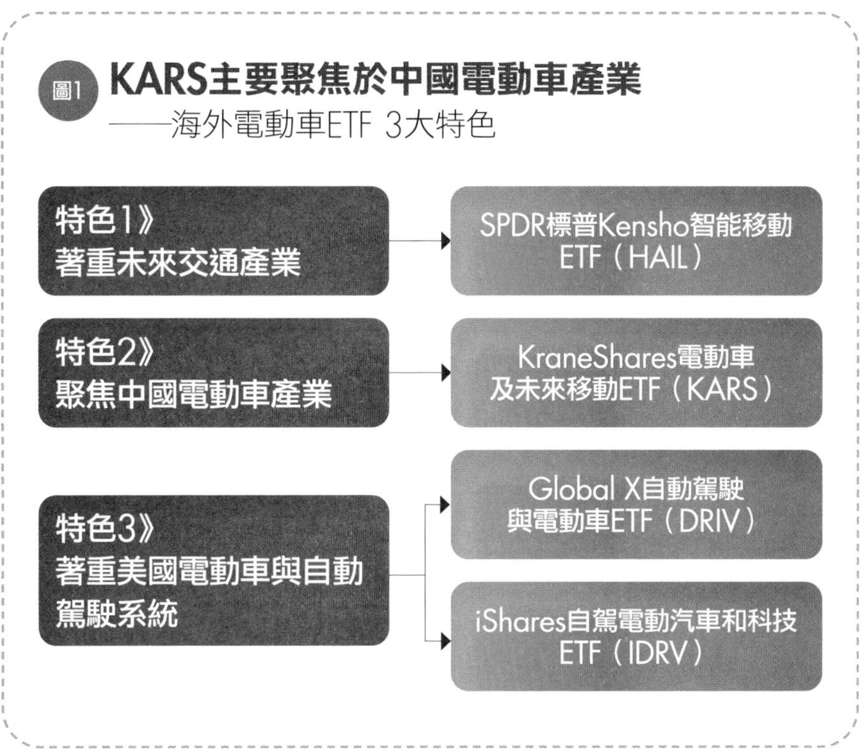

代表性的企業之一。

特色 3》著重美國電動車與自動駕駛系統:DRIV 與 IDRV

相對於前面 HAIL 和 KARS,DRIV 和 IDRV 這 2 檔有較高的相似性,除了同樣都是以美國的電動車和自動駕駛系統為投資重點外,在產業上也都是以「非必需消費品」和「資訊科技」為最主要的投資產

 海外電動車ETF計價幣別皆為美元

名稱（美股代號）	SPDR 標普 Kensho 智能移動 ETF（HAIL）	KraneShares 電動車及未來移動 ETF（KARS）
追蹤指數	S&P Kensho Smart Transportation Index	Bloomberg Electric Vehicles Index
成立日期	2017.12.26	2018.01.18
投資區域	全球	全球
規模（億美元）	0.69	2.02
計價幣別	美元	美元
總費用率（%）	0.45	0.70
收益分配	季配	年配

註：基金規模資料日期為 2022.10.31　　資料來源：MoneyDJ

業，前 10 大成分股中就有一半的持股重疊，包括電動車科技大廠特斯拉、蘋果、Google 子公司字母，傳統車廠的豐田汽車、晶片半導體的高通等。

簡單來說，DRIV 和 IDRV 是以美國市場為投資主體，並特別著重在電動車產業的中游與下游部分。

以上，就是我們針對常見的 4 檔與電動車相關的海外股票型 ETF 的整理與介紹（詳見表 5）。

——4檔海外電動車ETF比較

	Global X 自動駕駛與電動車 ETF（DRIV）	iShares 自駕電動汽車和科技 ETF（IDRV）
	Solactive Autonomous & Electric Vehicles Index	NYSE FactSet Global Autonomous Driving and Electric Vehicle Index
	2018.04.13	2019.04.16
	全球	全球
	8.18	4.19
	美元	美元
	0.68	0.47
	半年配	半年配

當然，投資電動車產業的方式有很多，像是國內外的產業個股、ETF，甚至是 ETN 也有相關標的，投資朋友不妨可依據自身偏好或條件屬性，來挑選適合自己的投資商品。

在前 4-1 與本節中為大家介紹了海內外的電動車 ETF，在接下來的 4-3 中，將為大家介紹另一種投資電動車的方式——ETN。

4-3

國內電動車ETN》無追蹤誤差的投資工具

想要參與電動車市場的成長，投資人除了可以透過 ETF 之外，台灣還有「ETN（Exchange Trade Note）」的選項，譬如元大電動車 N（020022）、元大特選電動車 N（020028）以及統一智慧電動車 N（020030）等。

不過，ETN 對多數人來說相當陌生，因此我們先來認識這個新興的投資工具。ETN 的中文全名是「指數投資證券」，可以理解為「投資指數的有價證券」，指數漲、ETN 就賺錢；指數跌、ETN 就賠錢，乍聽之下跟 ETF 很相似，但它們的本質卻大大不同。

基本簡介》與 ETF 不同，ETN 不持有實質資產

ETN 與 ETF 有 4 個主要差異：發行人、到期日、持有資產、追蹤誤差（詳見表 1）。首先，ETF 是由投信發行的「一籃子股票」，

ETN與ETF主要有4差異
——ETN與ETF的差異比較

項目	ETN（Exchange Trade Note）	ETF（Exchange Traded Fund）
中文名	指數投資證券	指數股票型基金
發行人	證券商	投信
到期日	有	無
持有資產	無	有
追蹤誤差	無	有

資料來源：台灣證券交易所

但 ETN 是由證券商發行的有價證券，因此發行人不同。

再者，ETF 在市場上交易，正常情況下，投資人買進之後可以永久持有，並沒有結算到期的問題，而 ETN 不同，它有到期日的限制，通常是發行後 1 年至 20 年不等。不過，進場後並不需要持有 ETN 至到期，隨時可以在市場上買賣；換句話說，投資人要進場的時候，需要留意到期日。

另外一點，ETF 和 ETN 兩者雖然都是追蹤特定的指數，但 ETF 是去買「一籃子股票」，所以有實際的資產，而 ETN 只是一種「債權」，它是用證券商的信用作為擔保所發行的有價證券，並沒有買進實質資產。

也因為 ETN 未持有任何資產，價值計算是以「指標價值」來看，指標價值是發行人依據追蹤標的指數之漲跌幅度，計算出來的參考價值，指標價值會與標的指數走勢一致，所以在追蹤指數時，基本上並沒有追蹤誤差，但 ETF 會因為管理費等，而使得 ETF 報酬率與標的指數報酬率出現差異。

投資風險》須留意發行人信用、強制贖回機制

從它的商品特性來看，投資人要留意 2 個風險，包含：發行人的信用風險、有強制贖回機制。

1. 發行人的信用風險

投資人買進 ETF，此時，發行人，也就是投信比較類似於「中介」的腳色，我們只是透過投信包裝的金融商品，去擁有實質的資產。

但 ETN 不同，發行時，證券商是以信用作為擔保，類似於「莊家」的概念，投資人買進 ETN，等於把資金交給證券商，所以莊家的信用自然很重要，萬一證券商倒閉，投資人的資金也將不復返。雖然

主管機關對於發行 ETN 的證券商有著嚴格的條件規範，但市場上難保有極端的情況發生，這點需要投資人自行斟酌留意。

2. 有提前或強制贖回機制

ETN 有到期日，發行的證券商會在到期日時，將扣除投資手續費後的標的指數報酬結算予投資人。但除了到期日，ETN 也有可能會提前下市，有 2 種情況：

①漲太多：因為 ETN 沒有實質資產，當漲幅太大，證券商會有巨大的償還壓力，因此證券商在發行 ETN 時會設定「提前贖回條件」，當觸及時，發行人可以提前贖回流通在外之 ETN（詳見圖 1），雖然發行人不一定會執行提前贖回，但投資人仍需留意。

②跌太多：投資人會面臨損失過鉅的風險，或是因為流動性過低不好買賣，因此，ETN 發行時，會設定「強制贖回條件」，當達強制贖回標準時，就會被強制下市，投資人可以取回的資金部位，會以下市前最後交易日盤後公布之指標價值為計算基準，而最後交易日是指符合強制贖回條件當日之次一個營業日。

不過每一檔 ETN 的提前贖回條件和強制贖回條件不太一樣，可以在台灣證券交易所的網站中查詢（詳見文末圖解教學）。

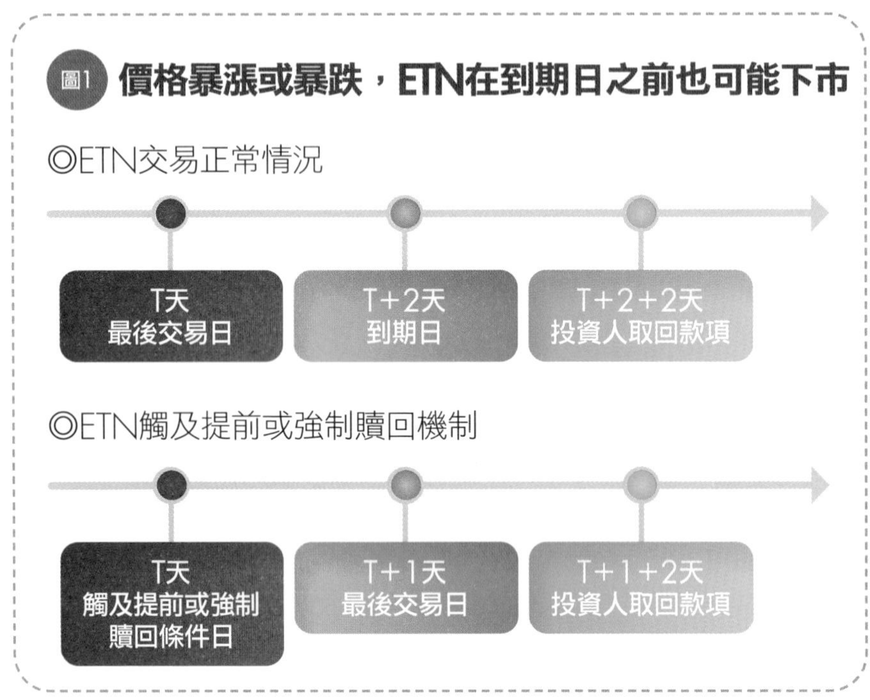

交易制度》與股票類似，但不能以零股買賣

在實際的交易制度上，ETN 與 ETF、股票一樣有證券簡稱跟代號，所有的 ETN 證券簡稱最前面都是發行的證券商名稱，接著是標的指數，最後則都有一個「N」。而代號都是 6 碼，且為「02」開頭，視不同標的，結尾不同。如果是追蹤一般股票指數的 ETN 會是 6 碼皆為數字；若為槓桿 ETN，結尾為 L、反向 ETN 結尾為 R、債券

透過證券簡稱、代號辨識ETN
——以元大電動車N（020022）為例

元 大 電 動 車 N
（020022）
發行的證券商
追蹤的標的指數
表示為ETN
一律02為開頭，且皆為6碼，規則為：
◎ 國內ETN、國外ETN：02XXXX
◎ 槓桿ETN：02XXXL
◎ 反向ETN：02XXXR
◎ 債券ETN：02XXXB

資料來源：台灣證券交易所

ETN 結尾為 B（詳見圖 2）。

ETN 的交易制度跟股票很類似，可以在集中市場買賣，一次買進單位為 1 張，即為 1,000 股。在漲跌幅度的限制上，若追蹤國內的指數，同樣為正負 10% 的漲跌幅度限制；若追蹤國外指數，則無漲跌幅度限制。但是 ETN 不可以當沖、信用交易、借券，也不能零股交易或定期定額（詳見表 2）。

買賣的成本亦跟股票相同，但證交稅僅 1/3。買進時，有交易手續費，最高不超過價金的 0.1425%；賣出時，除了交易手續費外還有證交稅，證交稅的稅率為價金的 0.1%。不過，手續費的部分，各家券商多半會提供不同的折扣。

投資ETN，不可當沖、借券交易
——ETN交易制度

項目	說明
交易單位	1,000 股
升降單位	50 元以下：0.01 元 50 元以上：0.05 元
漲跌幅度	追蹤國外指數無漲跌幅度限制 追蹤國內指數漲跌幅度為 10%，槓反加計倍數
限制事項	不可當沖、信用交易、借券、零股交易、定期定額
手續費	買進、賣出皆收取，最高不超過價金的 0.1425%
證交稅	賣出時收取，稅率為價金的 0.1%

資料來源：台灣證券交易所

整個獲利的邏輯算法，就是看 ETN 所追蹤的指數，在到期或存續期間內任一時點上漲了多少幅度，扣除按比率計算之投資手續費後，再由發行人交還給投資人。此處的投資手續費屬於內扣成本，可以理解為如 ETF 的管理費，而交易時的交易手續費和證交稅為額外的外顯成本。投資手續費方面，每檔 ETN 都不一樣，以一般國內標的來看，目前投資手續費年率多在 0.9% 至 1.2% 之間。

舉個例子來看，假設證券商發行 1 檔追蹤大盤的 ETN，昨天的指標價值為每股 50 元，年投資手續費為 0.9%，今天收盤時，大盤從

扣除投資手續費後，才是ETN的指標價值
——ETN投資手續費計算範例

試算案例》**假設年投資手續費為 0.9%，指數昨日收盤 1 萬點，今天來到 1 萬 100 點，指標價值為何？**

計算過程》

投資手續費（計算至小數點後第 5 位，4 捨 5 入至第 4 位）
＝前一日指標價值 × 距前一交易日之日曆日數 × 投資手續費率 ÷365
＝ 50 元 ×1 日 ×0.9%÷365
＝ 0.0012 元

指標價值
＝前一日指標價值 × 今日指數收盤價 ÷ 前一日指數收盤價－投資手續費
＝ 50 元 ×10,100 點 ÷10,000 點－ 0.0012 元
＝ 50.4988 元

昨日收盤 1 萬點，上漲 100 點，則今天的指標價值，在未含投資手續費的狀況下會上漲 1%，為 50.5 元，但因為要扣除投資手續費，故今日的指標價值為 50.4988 元（詳見圖 3）。

想要交易 ETN，投資人只要簽具風險預告書，就可以打開下單軟體，直接交易。

3檔電動車ETN的發行價皆為5元
——台灣掛牌的3檔電動車ETN

名稱	元大電動車 N	元大特選電動車 N	統一智慧電動車 N
代號	020022	020028	020030
追蹤指數	特選臺灣電動車產業鏈代表報酬指數	特選臺灣電動車產業鏈代表報酬指數	特選臺灣上市上櫃 FactSet 智慧移動與電動車報酬指數
發行人	元大證券	元大證券	統一證券
發行日	2020.12.08	2021.09.27	2021.11.26
到期日	2023.12.07	2031.09.26	2031.11.25
投資手續費	年費率 0.9%	年費率 0.9%	年費率 0.95%
發行價	5 元	5 元	5 元
下限價格	1 元	1 元	1 元

資料來源：台灣證券交易所

投資標的》3 檔台灣掛牌電動車 ETN

ETN 追蹤標的也非常多元，包含市場指數型、高息型、產業型、主題型及海外型等等。以電動車來說，截至 2022 年 11 月底，共有元大電動車 N、元大特選電動車 N 以及統一智慧電動車 N，共 3 檔相關的 ETN（詳見表 3）。

元大電動車 N、元大特選電動車 N 同樣追蹤特選臺灣電動車產業鏈代表報酬指數，為元大證券發行，2 檔 ETN 的規則、投資手續費率等皆相同，差別在於發行日、到期日不同。這 2 檔 ETN 的發行價格都是 5 元，若指標價格下跌過多，相較於發行價下跌 80%，就會觸發強制贖回機制，下限價格為 1 元。

統一智慧電動車 N 追蹤特選臺灣上市上櫃 FactSet 智慧移動與電動車報酬指數，為統一證券發行，發行價 5 元，強制贖回的條件為收盤後公布的指標價值低於 1 元。

台灣投資的管道愈來愈多元，投資人如果想要小額參與電動車市場的成長，以整股交易來說，ETN 可以說是最親民的入手商品。這 3 檔 ETN，截至 2022 年 11 月底，價格在 4 元、5 元左右，換句話說，一次買進最低單位 1 張，只要 4,000 元或 5,000 元左右，雖然資金小，但跟著指數成長的報酬率可是一點都不馬虎。

圖解教學　ETN的提前和強制贖回條件

每一檔ETN設定的提前或強制贖回條件不同，於集中市場上市的ETN，投資人可以在台灣證券交易所查得相關資料，如為上櫃可在證券櫃檯買賣中心查詢，此處以上市的ETN為例，查詢步驟如下：

進入台灣證券交易所的首頁（www.twse.com.tw/zh/），點選❶「產品與服務」、❷「上市證券種類」欄位下的❸「ETN」。

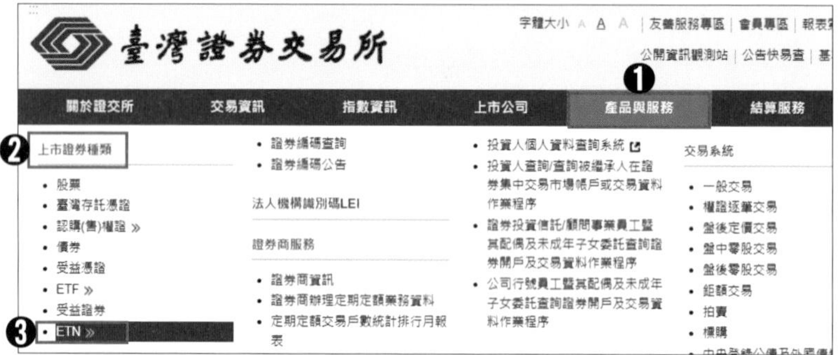

進入ETN的專區後，在左側選單點選❶「ETN商品資訊」，此處以查找元大電動車N為例。該ETN為國內ETN，因此點選❷「國內ETN」、然後點選❸「元大電動車N」進入下個頁面。

在元大電動車N的商品資訊頁面中，可以看到該ETN發行的相關介紹，❶「提前贖回條件」以及❷「強制贖回條件」可以在頁面的下方查得。

元大電動車N

商品資訊	
證券代號	020022
證券簡稱	元大電動車N
發行證券商	元大證券股份有限公司
標的指數	臺灣指數公司特選臺灣電動車產業鏈代表報酬指數
上市日期	2020.12.08
到期日	2023.12.07
發行價格	每單位新臺幣5.00元
相關費用	投資人年投資手續費率為0.9%
漲跌幅度	±10%
申購、賣回單位	無申購，賣回單位500,000
申購、賣回手續費	賣回手續費為每500,000單位收取新臺幣2萬元
流動量提供者	元大證券股份有限公司
配息與否	不配息
提前贖回條件	符合下列情事者，發行人得提前贖回流通在外之指數投資證券：(1)指數投資證券盤後公布之指標價值相較於發行價已上漲50%，即指標價值>發行價x 1.5。(2)指數投資證券上市超過一年，且投資人持有之指數投資證券低於十萬單位。
強制贖回條件	(1)符合下列情事者，發行人需提前贖回流通在外之指數投資證券：指數投資證券盤後公布之指標價值相較於發行價已下跌80%，即指標價值<發行價x 0.2。(2)符合強制贖回條件當日之次一營業日為最後交易日，以最後交易日盤後公布之指標價值計算償還金額。
產品網頁	http://www.warrantwin.com.tw/prod/ETN
標的指數網頁	https://www.taiwanindex.com.tw/index/index/IR0135
連絡電話	(02)2718-5886

資料來源：台灣證券交易所

4-4 降低投資風險》依產品生命週期調整策略

比較有經驗的投資人應該知道，如果有一個新興產業崛起，在進入快速成長期時，整個產業的供應鏈都會受惠，特別是關鍵零組件的生產公司，如果加上股本小、籌碼集中的優勢，則漲幅有可能數倍，甚至達到數十倍。

但投資人也不要開心得太早，一旦新興產業的成長速度脫離暴衝階段，開始進入穩定成長期時，產業內部的競爭就會開始加大，這時候，優勝劣敗逐漸浮現，少數贏家會搶下更大的市場，但多數輸家可能會賠光之前賺的，甚至出局。

在導入期、成長期時，分4階段逐步建立部位

因此，在投資前，一定要知道現在所處的階段。我們先來看最常見的產品生命週期圖（product life cycle），這個概念出自哈佛大

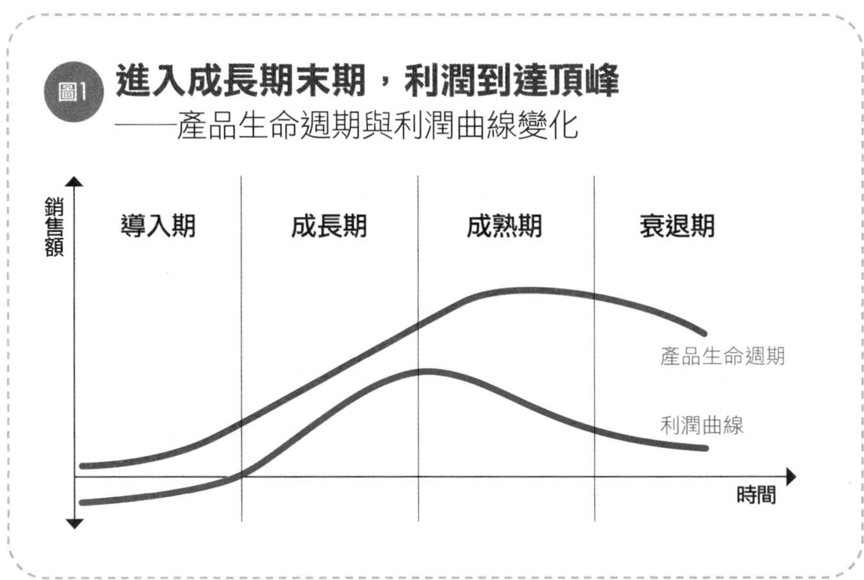

學教授雷蒙（Raymond Vernon）在 1966 年發表的論文，當中分為 4 個時期——導入期、成長期、成熟期、衰退期（詳見圖 1）。根據 4 個時期，則有不同的利潤曲線。但我們一定要留意，股市反映的是未來，所以股價的波動總在大量利潤發生之前，並且會在利潤到頂之前，股價提前見頂，並翻轉向下。

因此，根據產品生命週期、對應的利潤曲線，以及股市常見的反映，《Smart 智富》「真・投資研究室」特別製作表 1，以供投資人參考。

股價反映未來，故較利潤表現提早觸頂向下
——產品生命週期與股價波動變化

項目	導入期	成長期	成熟期	衰退期
營業額	低，成長遲緩	中到高，成長最快	高到頂點，成長放緩	頂點下滑，緩步衰退
利潤率	負數	快速成長到頂點	頂點快速向下	下滑趨緩，但仍可獲利
股價波動	從盤整到小幅突破	先噴發到頂點，後段開始緩跌	加速下跌	盤整

從表 1 可以發現，新興產品的股票進場時期，最佳時點當然是在成長期的初期，可以縮短資金的等待時間。不過在股市的投資實務狀況是，進入成長期之後，股價上漲飛快，多數投資者的心態都是希望回檔一點再買，但往往錯過買點之後就再也買不下手，只能眼睜睜看著股價飛奔到天價，卻仍空手。

因此，比較符合人性的建議是，在導入期後期，營業額快速成長，利潤率尚未轉正，但即將轉正時先建立基本部位，之後，再緩步加碼。待買到足夠持股後，便不再加碼。如果以資金配比來看，可以採用圖 2 方式配置。

在導入期後期，可開始建立20%持股部位
——新興產業股進場4階段的資金配比

階段1	在導入期的後期，以20%資金建立基本持股
階段2	在成長期前期，利潤率剛轉正時，以40%資金建立最大加碼持股
階段3	在成長期初期到中期，隨著股價上漲與利潤率提升，以20%資金建立加碼持股
階段4	在成長期中期，股價上漲過程中的拉回，以20%資金建立最後加碼持股

以上述 4 個階段完成投資布局後，就靜待市場的變化，此時不要在意股價的波動，因為新興產業急漲急跌，波動很大，如果心不能靜下來，手中的持股很容易會在大回檔中被洗掉。此時真正要留意的是整個產業成長率的變化，也就是要觀察產業何時從成長期到達頂峰，進而走入成熟期與衰退期。

進入成長期末期或成熟期初期時，可分批出場

理論上，我們都希望賣在山頂上，但現實卻很難，如果偶爾有賣到峰頂的價位，算是運氣好。

因此實務上，當產品週期疑似到達成長期的末期或成熟期的初期，就可以開始緩步出場。出場的邏輯也是採取分批，至於要分幾批，則可以看個人的習慣。

但產品成長期末期，也正是最大的投資風險所在（詳見圖 3），因為在產品達到成長期後段的頂點時，此時期的市場聲量最大，且股價非常活潑，很多人會在快速回檔時，意圖進場賺取快錢。由於股價在此刻回檔後都還能逼近最高點，甚至小幅創新高，且彈升速度極快，因此會吸引非常多短線資金進場，市場極為活絡，不少人因為小有賺頭，使其信心加強，當再次回檔時，反而會投入更大的買入資金，在最後一次反彈失敗時，就會留下大量的套牢資金在股價的頭部區。

第 2 個投資危險區在產品衰退期初期。此時，因為股價已領先大幅下跌，距離最高檔區可能有高達 30% ～ 50% 的價差。早期因為保守不願追價，沒有參與到這波熱潮的投資人，會想在此時逢低買進，卻不知道產業的榮景已經過去。此時跳入以為安全，卻不知此刻才到達股價修正期的中途階段，後續仍可能有一大段的修正，且此位階往下計算，修正的幅度也可能達到 50%，甚至更多。並且許多公司甚至無法再回到這個價位，僅有少數的產業贏家，可以藉著產業衰退後的整併，以及轉型，來重振其股價。

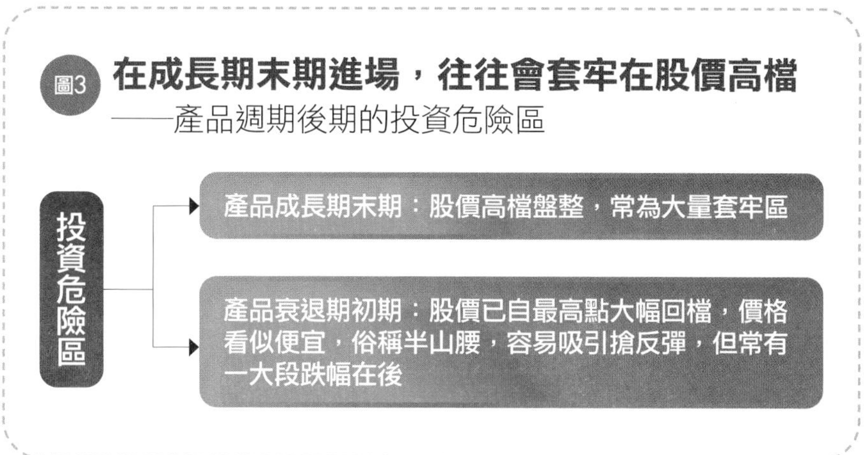

圖3 在成長期末期進場，往往會套牢在股價高檔
——產品週期後期的投資危險區
投資危險區
產品成長期末期：股價高檔盤整，常為大量套牢區
產品衰退期初期：股價已自最高點大幅回檔，價格看似便宜，俗稱半山腰，容易吸引搶反彈，但常有一大段跌幅在後

在2030年前，電動車可望處於高速成長階段

以電動車產業來看，目前應該已經進入成長期的前期。以上一個大趨勢產業——智慧型手機來類比，其成長期大約從 2008 年到 2016 年，持續約 9 年（詳見圖 4），那以電動車產業的全球性規模，成長期至少持續 10 年上下應該可期，也就是在 2030 年之前，電動車都可望處於高速成長階段。

我們再以電動車概念股近幾年的股價表現來觀察，大家可能最有印象的是特斯拉（Tesla）。來看它的股價走勢圖（詳見圖 5），它在 2013 年到 2019 年幾乎都是橫盤走勢，此時是電動車導入期，

公司經營也長期處於虧損，甚至一度傳出倒閉危機。2019 年底到 2020 年初，特斯拉開始呈現突破長期橫盤的走勢，原因是它在 2019 年第 3 季財報繳出轉虧為盈的數字。雖然獲利的主因之一來自賣碳權，但這也已經凸顯，隨著特斯拉交貨加快，量產能力浮現，本業的利潤率已經接近要轉為正數，因此吸引大量投資者湧入。

事後證明，此時確實是投資特拉斯的絕佳買點，既避開了產品導入期的經營失敗風險，也降低獲利等待時間，因為從 2020 年第 1

圖5 2020年Q1～2021年Q4，特斯拉漲幅逾12倍
——特斯拉股價走勢圖

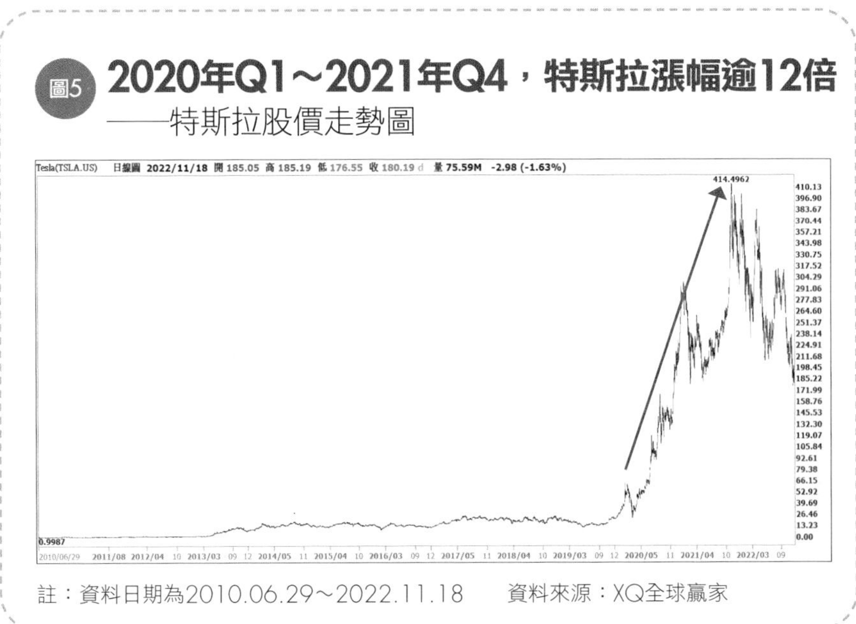

註：資料日期為2010.06.29～2022.11.18　　資料來源：XQ全球贏家

季起，特斯拉就成為大飆股，直衝到 2021 年第 4 季，才見這一波的股價頂點。如果從 2020 年年初，計算到 2021 年第 4 季的高點，特斯拉股價的漲幅逾 12 倍。

特斯拉算是比較極端的例子，因為過去 2 年可謂集三千寵愛在一身，但我們來看整體電動車產業鏈，從 2019 年起，到 2021 年第 4 季，電池業的整體表現更勝電動車製造商，電池業的整體漲幅達到 2 倍多，整體電動車業則勉強到 2 倍左右。就在電動車業開始大

漲時，傳統的 10 大車廠股價仍然低迷，不過自 2020 年第 4 季起，傳統車廠的股價也開始振作，並超越 MSCI 全球股票指數（MSCI ACWI Index）表現（詳見圖 6），關鍵就是傳統車廠終於對油車市場死心了，幾乎是全面性宣誓加入電動車市場的爭霸。

電池、軟體服務等將是下一波電動車產業贏家

這個舉動，從金融市場的角度，對新興電動車業者是利空，所以我們可以看見當傳統車廠股價開始上揚時，電動車業整體股價表現反而陷入盤整，甚至下滑，不過電池業仍在持續創新高。這現象就如同 19 世紀的淘金熱，淘金者只有少數挖到黃金大發財，但多數淘金者反而沒挖到礦，黯然退出，但賣鏟子的，雖然看起來不起眼，卻大多都賺了大錢。而電池在電動車目前產業鏈當中，更是扮演關鍵零組件的角色，也是最昂貴的零組件成本。

如果長期來看，拆解電動車當中的重要成本，可分為電池、晶片、鏡頭或光達、組車、自駕與車用系統軟體，電池是最優先受惠，且成本最高。等到下一階段，電池成本下降之後，隨著電動車的數位能力需求提升，需要更高階的晶片，以及更好的鏡頭與光達，這一部分的價值就會提升，可能是下一波的零組件股贏家。組車業者則將提早進入拼殺階段，因為傳統車廠跟電子組裝大廠，都看上這塊

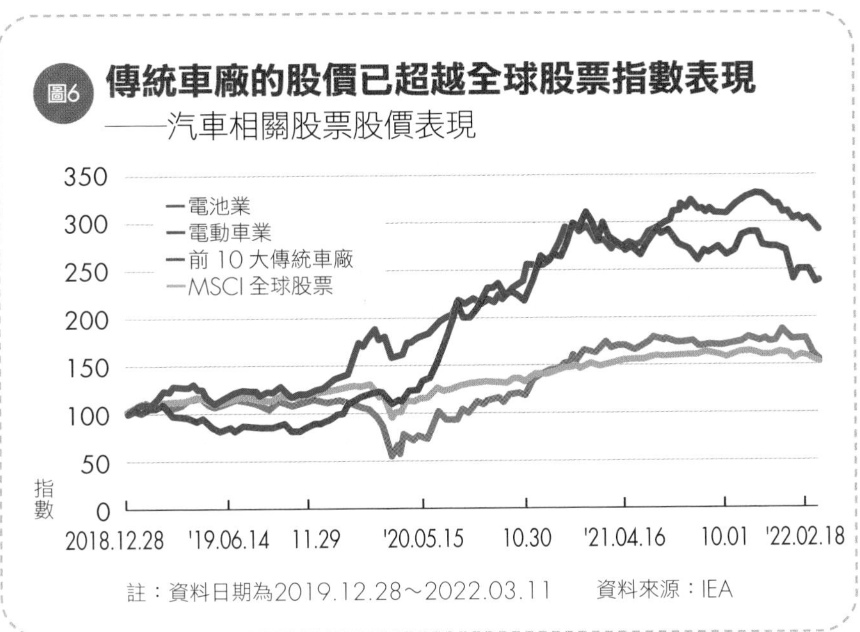

肥肉，蜂擁而入，具有全球性量產規模能力的業者才能在最後勝出。

最後一階段，就是當電動車非常普遍出現在全球的街頭，成為新車市場主流時，就是軟體服務提供者勝出的時候了。這就像蘋果手機的市場已經飽和了，但蘋果獲利能力持續在創新高，因為蘋果已經有愈來愈高比例的營收與獲利來自軟體。事實上，這也是特斯拉的戰略，未來的特斯拉，不只是一輛電動車，而是要成為移動的軟體服務平台，所以特斯拉積極投資開發電動車的全視覺鏡頭系統、自駕軟體，以及馬斯克布局已久的「星鏈計畫」，就是為了將來的決戰。

透過ETF買入全產業，避開個股波動風險

從以上的趨勢解讀，我們可以理解到，電動車產業跟著股市趨勢，在2022年進入前一波急漲後的大修正，體質弱的新興電動車公司，有可能熬不過這個大修正期，這是目前進入市場投資時一定要考量的重大風險，不要只是看到股價回檔就以為很便宜。

其次，傳統大車廠進入電動車市場，有些可以翻轉，有些可能就此下沉。因為典範移轉時，具有傳統優勢的業者，常常會顧忌內部組織的傳統利益，導致跟不上時代的快速變遷，包括功能性手機時代的諾基亞，以及傳統相片時代的柯達，它們的技術能力不差，甚至在典範移轉初期，還在很多新興領域有領先的技術，可惜最終擺脫不了內部的相互掣肘，以至於在這場長期競爭中，儘管擁有最龐大的資源，最終卻還是敗下陣來。

對一般投資人來說，選擇個股投資的風險較大，但想避開這些因競爭導致的風險，其實相對容易，只要平均買入全產業，也就是透過主題式ETF等方式，都能搭上這班順風車，因為全產業產生的利

潤，在產業成長過程中仍會持續擴大，我們不一定要看對贏家，只需要看對產業，以及留意的它的成長期何時結束。但也要提醒，主題式產業的投資，一旦過了成長期的頂點，就不再適合全產業投資，因為產業總利潤有可能出現萎縮，屆時的下檔風險不低。

國家圖書館出版品預行編目資料

人人都能學會投資電動車全圖解／《Smart智富》真．投資研究室著. -- 一版. -- 臺北市：Smart智富文化，城邦文化事業股份有限公司，2022.12
面；　公分
ISBN 978-626-96345-9-0(平裝)

1.CST：電動車 2.CST：投資 3.CST：產業發展

447.21　　111020287

Smart智富

人人都能學會投資電動車全圖解

作者　《Smart 智富》真．投資研究室
企畫　林帝佑、周明欣、謝宜孝

商周集團
執行長　郭奕伶
總經理　朱紀中

Smart 智富
社長　林正峰
總編輯　劉　萍
總監　楊巧鈴
編輯　邱慧真、施茵曼、林禹盈、陳婕妤、陳婉庭、蔣明倫、劉鈺雯
協力編輯　薛　靖
資深主任設計　張麗珍
版面構成　林美玲、廖洲文、廖彥嘉

出版　Smart 智富
地址　104 台北市中山區民生東路二段 141 號 4 樓
網站　smart.businessweekly.com.tw
客戶服務專線　（02）2510-8888
客戶服務傳真　（02）2503-5868
發行　英屬蓋曼群島商家庭傳媒股份有限公司城邦分公司

製版印刷　科樂印刷事業股份有限公司
初版一刷　2022 年 12 月
ISBN　978-626-96345-9-0

定價 299 元